Umar Niaz
Burhan Ahmad
Hafiz Atta-Ur-Rehman Saeed

# Papel dos insectos no ecossistema

Umar Niaz
Burhan Ahmad
Hafiz Atta-Ur-Rehman Saeed

# Papel dos insectos no ecossistema

## Importância económica dos insectos

ScienciaScripts

**Imprint**
Any brand names and product names mentioned in this book are subject to trademark, brand or patent protection and are trademarks or registered trademarks of their respective holders. The use of brand names, product names, common names, trade names, product descriptions etc. even without a particular marking in this work is in no way to be construed to mean that such names may be regarded as unrestricted in respect of trademark and brand protection legislation and could thus be used by anyone.

Cover image: www.ingimage.com

This book is a translation from the original published under ISBN 978-620-2-31969-0.

Publisher:
Sciencia Scripts
is a trademark of
Dodo Books Indian Ocean Ltd. and OmniScriptum S.R.L publishing group

120 High Road, East Finchley, London, N2 9ED, United Kingdom
Str. Armeneasca 28/1, office 1, Chisinau MD-2012, Republic of Moldova, Europe
Printed at: see last page
**ISBN: 978-620-8-12773-2**

# Índice

# Capítulo 1

## Insectos e seus produtos utilizados cientificamente como medicamentos para curar doenças humanas

**Autores: Umar Niaz1, Burhan Ahmad2, Kamran Qamar 3 M. Umar Javed e Iqra**
**Departamento de Entomologia Universidade de Agricultura de Faisalabad, Paquistão.**
**Autor correspondente: Umar Niaz*** **Introdução:**

Os insectos são organismos traqueados que têm o corpo segmentado e dividido em três regiões (cabeça, tórax e abdómen). Encontram-se na terra numa população enorme do que qualquer outra ьcriação. Nos insectos, algumas espécies são muito prejudiciais à produção agrícola e ao armazenamento de cereais.

Mas há algumas espécies de insectos que são benéficas para os seres humanos como alimento, predadores, medicamentos, polinizadores, seda, mel e outros produtos diversos. Investigações recentes provaram que alguns insectos são muito úteis como medicamentos para curar doenças humanas e outros tratamentos.

Investigações anteriores provaram que os corpos dos insectos possuem qualidades analgésicas, imunológicas, anestésicas, antibacterianas, anestésicas e anti-reumáticas. Foram descritas investigações sobre o potencial terapêutico dos insectos, as práticas medicinais tradicionais e os seus produtos no laboratório de investigação. Todas as semanas, cerca de 5000 larvas são entregues gratuitamente nos hospitais para tratamento. Em África, a OMS estima que serão necessários 20 mil milhões de dólares para suprir a carência de 800 000 profissionais de saúde convencionais até 2015. Em todo o mundo, os artrópodes constituem potencialmente uma fonte barata e abundante de ingredientes de cura num mundo economicamente difícil.

Destruição de células cancerígenas:

Vespas:

As células cancerosas podem ser destruídas pelas vespas sociais (Polybia paustais).

Vespas sociais Algumas espécies de insectos são utilizadas como analgésicos: Bicho-da-seda: Uma substância Serrapeptase que está presente em bactérias que se encontram no sistema digestivo sistema do bicho-da-seda. Esta substância é utilizada como medicamento para o alívio da dor, artrite, dores nas costas e lesões desportivas. São também fonte de Serratia E15 que é utilizada como medicamento para prevenir doenças cardíacas nos homens.

Formigas: Nas formigas, as espécies do diabo são utilizadas como produtos químicos para curar doentes com artrite. São formigas muito antigas que não têm um nome específico. Estes produtos químicos, produzidos pelas formigas, são injectados nos doentes. O veneno das formigas é um tratamento muito útil contra a dor e a inflamação das articulações. Há cerca de 3000 anos, as mandíbulas das formigas-soldado eram utilizadas para coser feridas de abelhas:

As abelhas e os seus produtos são muito úteis contra várias doenças, como a artrite. O veneno de abelha é utilizado cientificamente em medicamentos para doenças humanas. Nesta terapia, o veneno de abelha é composto por uma grande quantidade de enzimas,

péptidos, glucocorticóides e outros ingredientes curativos diversos. O BVT também é útil para o tratamento da doença da artrite reumatoide.

Gafanhotos: Investigações anteriores provaram que o sistema nervoso dos gafanhotos é semelhante ao sistema nervoso humano. As toxinas são utilizadas para curar a dor nos seres humanos. Alguns cientistas sugeriram que a cataplasma de gafanhotos é utilizada para tratar a doença da enxaqueca. Larvas:

São utilizados como tratamento para os doentes que são atacados por bactérias que se alimentam de carne. São também utilizadas para curar queimaduras e infecções por estafilococos. As larvas podem também ser utilizadas em investigações forenses sobre cadáveres de seres humanos. As larvas de moscas varejeiras são as primeiras espécies que atacam os cadáveres. Quando as moscas varejeiras atacam o cadáver, põem ovos e as larvas emergem dos ovos. Estas larvas contêm um composto especial, a "alantoína", que é utilizado para curar as feridas. Hoje em dia, as larvas são inseridas diretamente no corte aberto, sendo este processo designado por "terapia de desbridamento de larvas" Formigas verdes:

Estas formigas são utilizadas para dores de cabeça e para limpar feridas. Na

Austrália, os aborígenes bebem misturas destas formigas depois de esmagarem os seus cadáveres.

Cérebro de baratas:

São utilizados como antibióticos para o tratamento de várias doenças humanas, porque contêm um antibiótico forte que pode eliminar as infecções por E.coli e Staphylococcus aureus resistente à meticilina (MIRSA).

Fungo da lagarta (medicina antiga chinesa):

Estes são utilizados para proporcionar relaxamento e energia. Também são utilizadas como medicamento para ultrapassar o stress e atacar várias doenças.

Escaravelhos da cochonilha:

Há insectos muito feios na terra. São usados em álcool para remédios de tosse, asma urinária e infecções do trato.

# Capítulo 2

**Efeitos anti-higiénicos das baratas e seus remédios para a saúde humana**

As baratas são pragas indesejáveis em casas e edifícios. Durante a noite, vão à procura de alimentos em áreas de armazenamento de alimentos, cozinhas e outros locais severos. São chamadas de pragas devido aos seus hábitos sujos e cheiro desagradável. Desempenham um papel vital como portadores de várias doenças intestinais, como a cólera, a febre tifoide e a disenteria. São muito sensíveis às pessoas alérgicas. Algumas espécies são muito perigosas para os seres humanos.

**Ciclo de vida:**

Existem três fases de desenvolvimento das baratas: ovo, ninfa e adulto. A fêmea põe os ovos num aglomerado que é coberto por uma caixa de ovos em forma de feijão. Uma barata alemã carrega a ooteca durante algumas semanas presa ao seu corpo. A maioria transmite a ooteca num prazo de um ou dois dias.

A ooteca é muito importante para a indicação da espécie. Os ovos eclodem em 1-3 meses. As ninfas não têm asas, têm poucos milímetros de comprimento e são brancas quando eclodem, escurecendo em poucas horas.
A sua maturidade completa ocorre em poucos meses a mais de um ano e o seu crescimento efectua-se por fases, através da queda repetida da cutícula ou da pele. Os adultos contêm um par de peles que é dobrado por um par membranoso.

**Comportamento:**

Estão intimamente associados aos seres humanos e vivem em zonas tropicais, temperadas e em várias partes de edifícios onde a humidade, a humidade e os alimentos estragados se encontram em abundância.

Vivem em grupos ou ninhadas. São activos durante a noite, mas durante o dia entram em fendas, fissuras, caves de móveis, casas de banho e casas de animais. Consomem uma grande variedade de alimentos. Gostam de materiais açucarados e amiláceos.

**Dispersão:**

Investigações científicas anteriores provaram que algumas espécies migram durante a sobrepopulação. Estas espécies migram para novos habitats através do voo e do rastejamento.

**Incómodo:**

São muito importantes para espalhar comida estragada, sujidade e encadernações de livros. Ejectam a sua comida parcialmente digerida em intervalos e deixam cair fezes. Provocam mau cheiro nos alimentos e noutros produtos.

**Doenças:**

São responsáveis pela disseminação de germes que causam várias doenças. Entre elas, a diarreia, a peste, a disenteria, a febre tifoide, a cólera, a lepra e algumas doenças virais.

**Estratégias de gestão:**

O controlo das baratas é muito eficaz nas zonas temperadas do que nos locais húmidos e quentes. A infestação pode ser detectada por detrás de caixas, móveis e outros locais escondidos, sendo facilmente detectada durante a noite, pois à noite são muito activas.

A água deve ser removida dos lava-loiças e de outros locais onde a água se encontra.

Tapar bem os recipientes nas áreas de armazenamento de alimentos

Reparar as fugas e as fendas para evitar as baratas

Os buracos das árvores devem ser preenchidos com cimento para reduzir a área de idade do porto principal

- A poda, o desbaste e o corte de várias plantas ornamentais e arbustos devem ser feitos longe da casa, porque estes são os locais preferidos para a reprodução de baratas

Devemos utilizar diferentes biopesticidas e repelentes.

*Este artigo é da autoria colectiva de Umar Niaz1, Burhan Ahmad2, Department of Entomology University of Agriculture Faisalabad, Pakistan*

# Capítulo 3

## Estratégias inovadoras de controlo dos danos causados pela cochonilha da papaia

Umar Niaz

*A cochonilha da papaia (*Paracoccus marginatus*) é um inseto polífago, sugador, que pertence à família (Pseudococcidae) e à ordem (Homoptera).*

A literatura anterior provou que a primeira amostra desta cochonilha devastadora foi recolhida no México em 1955. Foi descrita em 1992 na região neotropical, ocupando Belize, Costa Rica, Guatemala e México.

Na Ásia, foi registada pela primeira vez em 2008. É um inseto praga de pequenas dimensões que infesta as folhas e os frutos da papaieira. O corpo deste inseto está coberto por um material ceroso espesso. Tem uma forte associação com as formigas, que também ajudam na dispersão e no transporte da cochonilha da papaieira. Este inseto encontra-se habitualmente em todas as plantas hortícolas e outras plantas agrícolas. Hoje em dia, o ataque desta praga de insectos está a aumentar gradualmente no fruto da papaia em todo o mundo.

**Identificação morfológica da cochonilha da papaia**

O corpo da fêmea adulta é amarelado, achatado, oval e polvilhado com material ceroso branco espesso. Têm aproximadamente 2,2 mm de comprimento e 1,4 mm de largura. Quando se tornam adultas, produzem filamentos cerosos brancos, pegajosos e elásticos que se projectam do seu corpo. São insectos pragas sem asas. O macho deste inseto é curto, tem seis patas e antenas longas de 8-10 segmentos. São pragas de insectos cor-de-rosa e com asas. Têm 1 mm de comprimento e 0,3 mm de largura.

**Vida útil**

Tem 3 fases de desenvolvimento

Ovos: A fêmea põe ovos entre 600 e 900, de cor amarela esverdeada e cobertos por um material ceroso espesso.

Ninfa: São conhecidas como rastejantes na fase de primeiro instar, são muito activas e secretam cera branca. Atacam a parte macia da planta e começam a alimentar-se sugando as partes da boca.

Adulto: As fêmeas são verde-amareladas, mas os machos são cor-de-rosa. As fêmeas não têm asas, mas os machos têm asas. Os machos são mais pequenos do que as fêmeas.

**Ecologia**

A temperatura ideal para o crescimento deste inseto praga é de 20-25 graus centígrados e a mínima é de 21 graus centígrados.

**Plantas hospedeiras**

Esta praga é polifágica por natureza, tendo 65 plantas hospedeiras e 25 géneros. Os hospedeiros desta praga são algumas culturas hortícolas e outras culturas agrícolas como a papaia, a manga, o tomate, os citrinos, o algodão, a beringela, o pimento, o feijão, a ervilha, a batata-doce e a cereja, etc.

**Modo de propagação**

A cochonilha da papaia propaga-se muito rapidamente como um incêndio. É uma praga invasora e migratória e foi identificada em quase 50 países durante a última década. Migra de plantas infestadas para plantas saudáveis. Pode também deslocar-se através do vento, do ar, da chuva, das actividades humanas, da irrigação e do transporte.

**Sintomas de danos**

Ataca o caule, as folhas e os frutos da planta. Quando este inseto praga segrega material ceroso tóxico nas folhas, estas ficam enrugadas e deformadas. O crescimento da planta pára, o que faz com que os frutos imaturos amadureçam cedo e caiam. As flores da papaia não podem florescer corretamente. Após a infestação, os frutos ficam com manchas pretas. Basicamente, suga a seiva celular, pelo que as veias das folhas mais velhas ficam secas e caem imediatamente. Quando a PM ataca as folhas frescas, estas ficam amachucadas e os rebentos tornam-se em cachos. Em caso de infestação intensa, pode matar a planta.

## Estratégias de gestão

### Controlo físico e cultural

Todos os resíduos de culturas e partes de plantas infestadas devem ser removidos. Os caules podados, as folhas e outros galhos devem ser queimados. Deve-se enrolar folhas de polietileno à volta do tronco das plantas para evitar os movimentos da cochonilha da papaia e das formigas. Devem-se eliminar as colónias de formigas, porque ajudam a propagar a cochonilha da papaia. Os equipamentos agrícolas infectados não devem ser utilizados em campos saudáveis ou não infectados. Deve-se usar irrigação por aspersão ou gotejamento no campo em vez de irrigação por inundação para evitar a migração de pragas

### Controlo biológico

Esta é a melhor ferramenta na GIP para controlar as pragas de insectos. Existem poucos predadores de insectos que se alimentam da cochonilha da papaia, como vespas, coccinelídeos, crisopídeos e alguns parasitóides. Trata-se de uma ferramenta muito eficaz e de longo prazo para controlar os danos causados por esta praga. No campo, devemos usar gaiolas biológicas de parasitóides para a sua multiplicação e depois libertá-los para controlar a cochonilha da papaia. Provavelmente 100-250 parasitóides poderiam ser produzidos por gaiola, dependendo da disponibilidade de ninfas.

### Controlo químico

Atualmente, não existe um produto químico específico para controlar esta praga. Existem alguns insecticidas sugadores que podem ser utilizados para tratar os danos causados pela cochonilha da papaia;

- Acefato
Carbayle,
Clorpirifos,
Diazinon,
Malatião,
Acetamipride,
Imidacloppride, e
Óleos minerais brancos.

Este artigo foi escrito conjuntamente por Umar Niaz, Burhan Ahmad, Shehbaz Sharif, Kamran Qamar, Saeed-Ur-Rehman, Muhammad Umar Javed, Hafiz Atta-Ur-Rehman Saeed e Muhammad Yasir Ali do Departamento de Entomologia da Universidade de Agricultura de Faisalabad, Paquistão. O autor correspondente pode ser contactado através do endereço { HYPERLINK "mailto:umarniaz868@gmail.com" }.

# Capítulo 4

## Efeitos e gestão da ampliação biológica na saúde humana

Umar Niaz

Os produtos químicos nocivos e os metais pesados fluem para os lagos, mares e oceanos quando os resíduos agrícolas e humanos são descarregados na água. Estes produtos químicos e metais nocivos causam várias doenças perigosas e afectam também as plantas e os animais. Além disso, perturbam a cadeia alimentar e os organismos aquáticos. Estes produtos químicos não são digeridos e acumulam-se nos animais que os ingerem. A bio-ampliação ocorre devido à relação entre predador e presa.

### Efeitos da bio-ampliação

Algumas doenças que afectam gravemente a saúde humana, como defeitos de nascença, insuficiência renal e hepática, doenças respiratórias, hemorragias cerebrais e doenças cardíacas, são causadas pelo mercúrio, chumbo, cobalto, crómio e vários produtos químicos.

### Efeito no crescimento da vida marinha:

Muitas substâncias químicas nocivas que se acumulam nos órgãos vitais dos organismos aquáticos afectam o seu crescimento. As aves marinhas esmagam os seus ovos devido à sua casca mais fina, em vez de os incubarem. O selénio e outros metais pesados, como o mercúrio, afectam os órgãos reprodutores dos peixes.

### Perturbação da cadeia alimentar:

A maioria dos organismos aquáticos depende apenas da rede alimentar natural para crescer. Quando os produtos químicos nocivos entram no solo, no mar e no oceano e depois são consumidos pelos organismos aquáticos, criam perturbações na cadeia alimentar. Isto deve-se ao facto de os pequenos animais e as plantas absorverem estes produtos químicos nocivos e, depois, os pequenos animais serem consumidos pelos grandes animais, afectando toda a cadeia alimentar.

### Processo de ampliação biológica:

Consiste em seis etapas diferentes que são apresentadas a seguir:

**Libertando produtos químicos nocivos e outros efluentes industriais no ambiente:**

Nesta fase, estes produtos químicos nocivos entram no solo, na água e nos lagos. As concentrações destes produtos químicos são muito baixas.

**Fitoplâncton:**

Plantas que flutuam no mar e absorvem as toxinas que ficam nos seus tecidos. Uma vez absorvidas, as toxinas permanecem nos seus tecidos sem serem excretadas ou decompostas. Com o passar do tempo, a concentração de toxinas é muito elevada, podendo atingir 200 partes.

**Zooplâncton:**

Os animais que flutuam nos mares e consomem o fitoplâncton, ao consumi-lo, ingerem as toxinas que estão presentes nestas plantas. Assim, com o passar do tempo, a concentração aumentou até duas partes por bilião.

**Os peixes pequenos comem zooplânctons:**

Alimentam-se destes pequenos animais e, consequentemente, também absorvem toxinas que são absorvidas pelos tecidos adiposos

**Os peixes grandes consomem os peixes mais pequenos:**

Os peixes grandes consomem peixes mais pequenos para sobreviverem, de tal forma que absorvem as toxinas ao alimentarem-se de peixes mais pequenos. As concentrações tornam-se mais elevadas, atingindo 80 a 100 partes por bilião.

**Outros organismos consomem peixes grandes:**

Quando outros organismos, como os golfinhos e os seres humanos, consomem grandes peixes como alimento, também absorvem toxinas. Os seres humanos acumulam as toxinas quando consomem peixe. Assim, a concentração será elevada até 10000 a 15000 partes por bilião.

**Estratégias de gestão:**

Não devemos deitar a gordura, o óleo gordo e outros óleos no lava-loiça

Não devemos colocar os produtos químicos e outros materiais de limpeza no lava-loiça

Roupas empoeiradas, rappers e outros papéis devem ser devidamente descartados no cesto ou caixote do lixo

Devemos utilizar uma quantidade mínima de detergentes para lavar a roupa e a loiça

Devemos usar apenas sabonetes sem fosfatos

Devemos utilizar uma quantidade mínima de fertilizantes e produtos químicos para aumentar a nossa produção

*Este artigo é da autoria colectiva de Umar Niaz1, Burhan Ahmad2, Departamento de Entomologia da Universidade de Agricultura de Faisalabad, Paquistão.*

# Capítulo 5

## A biotecnologia desempenha um papel importante no controlo dos insectos pragas das culturas agrícolas

**Autores: Umar Niaz[1] , Burhan Ahmad[2] , Departamento de Entomologia Universidade de Agricultura de Faisalabad, Paquistão.**

### Introdução:

Hoje em dia, as pragas de insectos têm sido um dos problemas mais importantes na produção alimentar. Investigações anteriores provaram que 1/3 da produção agrícola mundial, avaliada em vários milhares de milhões de dólares, é arruinada todos os anos por pragas de insectos no campo e no armazenamento. O ecossistema natural, a saúde humana e o nosso ambiente podem ser afectados devido à utilização excessiva destes produtos químicos nocivos. Atualmente, estão a ser desenvolvidas abordagens de base biológica para controlar as pragas de insectos, em vez de produtos químicos tóxicos e sintéticos, que são ecológicos, rentáveis, úteis e fiáveis. Existem diferentes tipos de biopesticidas, como os inimigos naturais dos artrópodes (predadores, parasitóides e parasitas), os entomopatogénicos (bactérias, fungos, vírus e nemátodos), as hormonas dos insectos e os biopesticidas derivados de plantas.

### O papel da biotecnologia:

Trata-se de um conjunto de técnicas de manipulação de organismos vivos ou dos seus componentes para produzir produtos comerciais úteis, como novas estirpes de bactérias ou culturas resistentes a pragas.

São utilizadas várias técnicas em biotecnologia, como a fixação biológica de azoto, a cultura de tecidos e o controlo orgânico de pragas. Investigações anteriores provaram que *o Bacillus thuringiensis* (Bt) foi descoberto em 1906 pela mortalidade das larvas do bicho-da-seda. *O Bacillus thuringiensis* destaca-se na cena mundial desde 1938, quando foi lançado em França o primeiro produto formulado com este agente patogénico.

Em 1911, um cientista alemão, Berliner, conseguiu destacar e caraterizar esta bactéria de forma cilíndrica *e "thuringiensis"*, cujo nome deriva da região alemã "Turíngia".

Em 1938, as formulações francesas com colónias de bactérias foram vendidas como insecticidas. Em 1954 foi revelado o seu modo de ação e a sua utilização atual. A Bt é conhecida como uma bactéria do solo que se encontra em diferentes países, Gram positiva, aeróbica e da família das baciláceas, que pode esporular para sobreviver quando as condições ambientais se tornam adversas e desfavoráveis, encontrando-se em insectos mortos, plantas e detritos. Produz esporângios contendo endósporos e inclusões cristalinas de proteínas (CRY) que são responsáveis pela sua ação contra insectos lepidópteros. Este cristal é composto por uma proteína polipeptídica que se designa por endotoxina. Quando as larvas se alimentam destas proteínas inicia-se um conjunto de reacções que as mata.

**A biotecnologia é melhor do que os insecticidas:**

Investigações recentes revelaram que as pragas de insectos são o maior problema para as culturas agrícolas e que as perdas devidas a doenças e pragas de insectos são muito elevadas. Para gerir as pragas de insectos, utilizamos diariamente vários agroquímicos nocivos em grande escala e utilizamos biopesticidas apenas em pequena escala. A sobrevivência dos inimigos naturais (predadores, parasitóides e parasitas), a saúde humana, os insectos benéficos e o ambiente são gravemente afectados pela utilização não selectiva de produtos químicos. Também produz resistência nos insectos contra os agro-químicos. Por outro lado, os biopesticidas utilizados em todo o país são menos nocivos para o ambiente e para os seres humanos do que os produtos químicos sintéticos. Para controlar as pragas de insectos, foi desenvolvida uma nova estratégia que consiste em plantas geneticamente modificadas resistentes aos insectos e que são semelhantes e eficazes aos insecticidas convencionais.

Em 1986, foram feitas as primeiras experiências com plantas geneticamente modificadas (GM) nos Estados Unidos e em França. A primeira variedade comercializada de uma espécie vegetal produzida por engenharia genética foi o "FlavrSavr Tomato", desenvolvido pela empresa americana Celgene e comercializado a partir de 1994.

Entre 1987 e 2000, realizaram-se mais de 11 000 ensaios de campo em 45 países, tendo sido testados o milho, o tomate, a soja, a canola, a batata e o algodão, e o desenvolvimento de tecnologias mais seguras e eficazes. As caraterísticas genéticas anunciadas foram a tolerância aos herbicidas, a qualidade dos produtos, a resistência aos vírus e a resistência aos insectos.

**Área mundial de culturas biotecnológicas de 1996 a 2016:**

| Years | Hectare(Millions) | Acres (Millions) |
|---|---|---|
| 1996 | 1.7 | 4.3 |
| 1997 | 11.0 | 27.5 |
| 1998 | 27.8 | 69.5 |
| 1999 | 39.9 | 98.6 |
| 2000 | 44.2 | 109.2 |
| 2001 | 52.6 | 130.0 |
| 2002 | 58.7 | 145.0 |
| 2003 | 67.7 | 167.2 |
| 2004 | 81.0 | 200.0 |
| 2005 | 90.0 | 222.0 |
| 2006 | 102.0 | 250.0 |
| 2007 | 114.3 | 282.0 |
| 2008 | 125.0 | 308.8 |
| 2009 | 134.0 | 335.0 |
| 2010 | 148.0 | 365.0 |
| 2011 | 160.0 | 395.0 |
| 2012 | 170.3 | 420.8 |
| 2013 | 175.2 | 433.2 |
| 2014 | 181.5 | 448.0 |
| 2015 | 179.7 | 444.0 |
| 2016 | 185.1 | 457.4. |
| **Total** | **2,149.7** | **5,312.0** |

**Área de culturas biotecnológicas nos países em desenvolvimento e nos países industrializados:**

Em 2016, 19 países em desenvolvimento cultivaram 54% das culturas biotecnológicas em 99,6 milhões de hectares da área mundial de cultivo biotecnológico, enquanto 46% das culturas biotecnológicas foram plantadas em 85,5 milhões de hectares nos países industrializados.

| Rank | Country | 2015(MH) | 2016 (MH) | Biotech Crops |
|---|---|---|---|---|
| 1 | USA | 70.9 | 72.9 | Maize Soybean, Cotton, Canola, Sugar beet, Alfalfa, Papaya, Squash |
| 2 | Brazil | 44.2 | 49.1 | Soybean, Cotton, Maize |

| | | | | |
|---|---|---|---|---|
| 3 | Argentina | 24.5 | 23.8 | Soybean, Cotton, Maize |
| 4 | Canada | 11.0 | 11.6 | Cotton |
| 5 | India | 11.6 | 10.8 | Cotton |
| 6 | Paraguay | 3.6 | 3.6 | Soybean |
| 7 | Pakistan | 2.9 | 2.9 | Cotton, |
| 8 | China | 3.7 | 2.8 | Cotton, Papaya, Poplar, Tomato |
| 9 | South Africa | 2.3 | 2.7 | Soybean, Maize, Cotton |
| 10 | Uruguay | 1.4 | 1.3 | Soybean, Maize |
| 11 | Bolivia | 1.1 | 1.2 | Soybean |
| 12 | Australia | 0.7 | 0.9 | Canola, Cotton |
| 13 | Philippines | 0.7 | 0.8 | Maize |
| 14 | Myanmar | 0.3 | 0.3 | Cotton |
| 15 | Spain | 0.1 | 0.1 | Cotton |
| 16 | Sudan | 0.1 | 0.1 | Maize |
| 17 | Mexico | 0.1 | 0.1 | Maize |
| 18 | Colombia | 0.1 | 0.1 | Maize |
| 19 | Vietnam | <0.1 | <0.1 | Maize |
| 20 | Honduras | <0.1 | <0.1 | Maize |
| 21 | Chile | <0.1 | <0.1 | Maize, Soybean, Canola |
| 22 | Portugal | <0.1 | <0.1 | Maize |
| 23 | Bangladesh | <0.1 | <0.1 | Maize, Cotton |
| 24 | Costa Rica | <0.1 | <0.1 | Cotton, Soybean |

| 25 | Slovakia | <0.1 | <0.1 | Maize |
|---|---|---|---|---|
| 26 | Czech republic | <0.1 | <0.1 | Maize |

**Modo de ação do Cry no algodão Bt:**

Esta proteína é uma proteína inativa. Requer um pH alcalino (7,5-8) para a sua ativação. Isto só é prejudicial para os insectos lepidópteros e não para os insectos sugadores e outros organismos porque os insectos lepdópteros têm este meio de pH alcalino que é necessário para a ativação de Cry. Quando o inseto ataca a planta do algodão, esta toxina entra no corpo e ativa-se. A toxina ativa liga-se a receptores de proteínas nas células epiteliais do intestino médio. Depois, esta toxina forma poros e perfura o intestino, pelo que o inseto morre devido à fome.

**Principais aplicações das toxinas Cry:**

- Controlo das pragas do deflator
- Controlo dos mosquitos que são vectores de doenças humanas
- Desenvolvimento de culturas transgénicas

# Capítulo 6

**Méritos e Deméritos do Controlo Natural de Pragas para a Comunidade de Agricultores** Autores: Umar Niaz, Burhan Ahmad, , Departamento de Entomologia Universidade de Agricultura de Faisalabad, Paquistão.

Introdução:

Existe uma grande população de insectos nocivos na terra, e nesta população vários insectos não são perigosos para as culturas agrícolas porque são benéficos para culturas e agricultores e lutar pela produção agrícola contra as pragas de insectos nocivos. Atualmente, os agricultores
são produtos químicos utilizados continuamente para obter uma produção ou rendimento elevados. A utilização contínua destes produtos
Os produtos químicos afectam o ambiente, os inimigos naturais (predadores, parasitóides e parasitas), o homem
saúde e outros organismos não visados.
A resistência das pragas de insectos aos pesticidas também pode ser produzida através da utilização repetida de produtos químicos. A luta biológica é também conhecida como luta clássica contra as pragas de insectos.
ferramenta significativa para controlar naturalmente as pragas-alvo na gestão integrada das pragas. Uma das razões para a utilização de um grande número de produtos químicos é a falta de sensibilização para o controlo biológico ou natural das pragas.

controlo. Assim, os agricultores devem estar conscientes do impacto positivo e negativo do controlo natural.

Alguns instrumentos utilizados para o controlo natural: Predadores:

Os organismos que dependem do hospedeiro para se alimentarem e sobrevivem predando os organismos hospedeiros. No total, há 40 famílias que são utilizadas como predadores para predar insectos nocivos, tais como Anthocoridae, pentatomidae, reduviidae, carabide, syrphidae e vellidae, etc. Parasitas:

Os organismos que vivem num hospedeiro vivo e que se alimentam do seu hospedeiro e causam a morte.

- 10% das espécies são parasitóides
- 43 famílias -Hymenoptera são parasitóides
- 12 famílias-Diptera são parasitóides

Estudos recentes provaram que 26 famílias são utilizadas no controlo natural das pragas. Bactérias:

Eubactariales, Bacillus (bacillaceae, serratia) da família (bacilliaceae) Bacillus thuringensis (Bt) amplamente utilizado como controlo biotecnológico. Vírus:

Vírus da granulose, vírus da poliedrose nuclear (NPV) e fungos baculovírus:

Zygomycotina, Mastigomycotina e Deutromycotina
Méritos e deméritos do controlo biótico:
Méritos:
- Graças ao controlo natural das pragas de insectos, podemos salvar o nosso ambiente, a nossa saúde e os organismos visados dos efeitos perigosos dos produtos químicos sintéticos.
- Não é necessário muito tempo, grande esforço e um grande número de trabalhadores e custos, enquanto os agricultores gastam mais dinheiro na pulverização.
- É um controlo económico, clássico e específico de pragas-alvo que não é prejudicial para o ser humano
saúde e outros organismos não visados.
- No caso das árvores de fruto, os frutos não serão danificados por controlo biótico ou natural.
- Pode ser aplicado em condições de estufa ou estufa Deméritos:
- Várias espécies desconhecidas presentes
- Se as pragas não estiverem presentes, os inimigos naturais não podem sobreviver
- É um processo lento em vez de um controlo químico sintético das pragas
- É um processo dispendioso e requer grandes conhecimentos e competências se criarmos inimigos naturais.
- Requer uma grande área para a sua implementação

# Capítulo 7

**Os insectos desempenham um papel vital como** autores de **alimentos**:

Umar Niaz1, Burhan Ahmad2, Kamran Qamar3, M. Umar Javed4 e Hafiz Atta Ur Redman Saeed5 Departamento de Entomologia Universidade de Agricultura de Faisalabad, Paquistão. Introdução:

Os insectos pertencem à classe insecta e ao filo Arthropoda. Existem cerca de 2-3 biliões de espécies em

Na Terra, têm três regiões do corpo (cabeça, tórax e abdómen), olhos compostos, um par de antenas, três pares de patas e órgãos reprodutores presentes, respetivamente. O seu sangue é frio. Alguns insectos

são muito importantes para o consumo dos seres humanos, porque a população do globo aumenta de dia para dia. Devido ao aumento da população mundial, a pressão aumenta sobre os meios hídricos, a piscicultura, as terras agronómicas, a biodiversidade e exige uma grande quantidade de nutrientes e de energia não renovável. Assim, hoje em dia, para satisfazer estas necessidades, alguns países do mundo consomem insectos como

um alimento. O consumo de insectos é designado por entomofagia, que deriva da palavra grega "Entomon", que significa inseto, e "phage in", que significa comer. Os insectos comestíveis têm algumas propriedades eficazes, tais como

proteínas, minerais e vitaminas de boa qualidade. É por isso que são considerados saborosos e deliciosos pelos consumidores. Aproximadamente mais de 1900 espécies são utilizadas como dieta para os seres humanos a nível mundial.

Insectos comestíveis das 1900 espécies abaixo indicadas: 31% escaravelhos (coleópteros)

14 % abelhas, vespas e formigas (Hymenoptera) 3% térmitas (Isoptera) 2% moscas (Diptera)

18% lagartas (lepidópteros) 13% gafanhotos, gafanhotos e grilos (Orthoptera)

10% cigarrinhas, cigarrões, cigarras, cochonilhas e insectos verdadeiros (Hemiptera)

3% libélulas (Odonata)

E 5% de outras ordens de insectos. Fases em que os insectos podem ser consumidos: Larva:

- Abelhas, vespas e formigas
- Lagartas
- Escaravelhos

Pupa:

- Escaravelhos
- Abelhas, vespas e formigas

Adulto:
- Cigarras, cigarrinhas, cigarrinhas-das-folhas e cochonilhas
- Gafanhotos, gafanhotos e jogadores de críquete
- Térmitas

Vantagens dos insectos comestíveis:

Um quilograma de térmitas produz 350g de proteínas, enquanto a mesma quantidade de carne de vaca produz 320g

As lagartas fornecem 280g de proteínas, o que é mais 20g do que o salmão, 30g do que a carne de porco e 263g do que o tofu

São necessários 10 kg para produzir 1 kg de carne de vaca, dos quais apenas metade pode ser efetivamente consumida. Por outro lado
mão 10 kg de ração produzirão 9 kg de insectos, dos quais mais de 95% podem ser comidos

É necessário menos dinheiro para produzir insectos comestíveis, pelo que é mais positivo do ponto de vista económico. 2 g de CO2 produzidos por um kg de grilos são muito inferiores aos do gado, que produz 2850 g de CO2.

Um kg de carne de vaca comestível tem o mesmo efeito no ambiente que uma viagem de 250 km de carro Os insectos produzem 60 vezes menos metano do que o gado

Os produtos de origem animal são responsáveis, em 27% e 18%, pela pegada hídrica e pelos gases com efeito de estufa, respetivamente

A criação de insectos comestíveis requer muito pouco espaço para os insectos e para a sua alimentação, além de eliminar o impacto ambiental

É possível reduzir até 33% dos custos alimentares médios devido à natureza rentável dos produtos comestíveis
insectos

Receitas de insectos comestíveis:
- Salada Caesar de grilo
- wraps de queijo creme e grilo
- Queques de minhoca
- Batido de fruta para chão de insectos

# Capítulo 8

## Utilização de plantas botânicas como repelente de mosquitos

Autores:

Faryal Fatima (Departamento de Biologia Pura e Aplicada, Universidade Bahauddin Zakariya)

Muhammad Umar Javed , Umar Niaz (Departamento de Entomologia, Universidade de Agricultura de Faisalabad)

Uswa Javed (Departamento de Ciência Alimentar, Government College University Faisalabad)

Correio eletrónico : { HYPERLINK "mailto:ffaryal1998@gmail.com" }, { HIPERLIGAÇÃO "mailto:umarjaved14ag4816@gmail.com" }

**Introdução:**

As plantas botânicas repelentes de mosquitos são de extrema importância nos dias de hoje no Paquistão, onde se regista um número crescente de doenças transmitidas por mosquitos. O aumento alarmante do número de mosquitos no Paquistão é resultado da desflorestação, águas estagnadas, contentores artificiais, pneus não recicláveis, buracos de árvores, sistemas de drenagem de água, valas, lagoas, lagos, lagoas, pântanos, pântanos, locais de inundação, ambientes sujos, agricultura industrializada/campos irrigados. As plantas repelentes de mosquitos foram preferidas aos repelentes químicos de mosquitos. Observou-se que algumas plantas botânicas servem como retardador do crescimento dos mosquitos onde foram plantadas e também previnem a incidência de malária entre os residentes. Verificou-se que a mortalidade dos mosquitos aumenta proporcionalmente com o aumento da plantação das plantas mencionadas abaixo

Plantas repelentes de mosquitos:

**Lavanda:**

**Nome científico:** Lavandula

**Classificação superior:** Nepetoideae

**Classificação:** Género

DESCRIÇÃO:

- Os seus óleos essenciais dão-lhe um aroma agradável
- Resistente e resistente à seca uma vez estabelecido
- Necessita de sol pleno e de uma boa drenagem
- Desenvolve-se em zonas quentes

Os insectos ou mesmo os coelhos e outros animais nunca dizimaram a planta da alfazema. Isso deve-se à sua fragrância encantadora, que provém dos seus óleos essenciais que se encontram nas folhas da planta. Diz-se mesmo que o óleo de alfazema impede o mosquito de cheirar! Esta planta é muito resistente e resistente à seca uma vez estabelecida, e só precisa de sol pleno e boa drenagem. E embora possa suportar muitos climas, prospera em áreas mais quentes.

**Calêndula**

**Nome científico:** Tagetes

**Classificação superior:** Família das margaridas

**Classificação:** Género

DESCRIÇÃO

- Flores anuais ornamentais
- Fácil de cultivar
- Dá-se bem em vagens e jardins

As malmequeres, uma flor anual fácil de cultivar, emitem um cheiro que afasta os mosquitos. Cultive-as em vasos e coloque-as perto do seu pátio ou da entrada da sua casa para manter os insectos afastados. Os malmequeres são também uma adição popular às bordaduras e às hortas. Não só conseguem afastar os mosquitos, como também dissuadem pulgões, trips, moscas brancas, escaravelhos mexicanos do feijão, insectos da abóbora e vermes do tomate.

## Erva-cidreira

**Nome científico:** Cymbopogon

**Classificação:** Género

**Classificação superior:** Gramíneas

DESCRIÇÃO:

- Com aroma a limão

- Mais frequentemente utilizado como ingrediente natural
- Dá-se melhor em jardineiras grandes (não resiste ao pior)

Conhecida pelo seu cheiro distinto, a erva citronela é o ingrediente natural mais utilizado nos repelentes de mosquitos. De facto, o Jardim Botânico de Brooklyn recomenda plantas com aroma a limão, como a erva citronela, para manter os mosquitos afastados. E a boa notícia é que a planta viva é a mais eficaz para repelir as pragas. Esta planta de baixa manutenção fica melhor em grandes vasos porque não resiste à geada, mas em climas mais quentes, pode ser plantada diretamente numa área ensolarada no solo. Além disso, quando comprar Citronela, certifique-se de que compra

*Cybopogon nardus*
*Citronella winterianus*, que são variedades verdadeiras.

**Canibal**

**Nome científico:** *Nepeta cataria*

**Classificação:** Espécie

**Classificação superior:** Hortelã-gato

DESCRIÇÃO

- Muito fácil de cuidar
- Pode tornar-se invasivo
- Dez vezes mais eficaz para repelir os mosquitos

A erva-dos-gatos (catmint) pode ser encontrada em quase todo o lado. É da família da hortelã e cresce abundantemente tanto como planta comercial como erva daninha. É muito fácil de cuidar e pode até começar a invadir outras áreas do seu jardim. É um ótimo repelente de mosquitos e outra recomendação do BBG. Verificou-se que a hortelã-gato é dez vezes mais eficaz do que as plantas, o químico utilizado na maioria dos repelentes de insectos.

## Alecrim

**Nome científico:** *Rosmarinus officinalis*

**Classificação:** Espécie

**Classificação superior:** Rosmarinus

DESCRIÇÃO

- Uma erva com aroma a madeira
- Funciona melhor em estações quentes e frias
- A murcha prospera em contentores

- Pode ser podada de forma criativa para decoração

Outro ótimo repelente de mosquitos é o alecrim. O alecrim é uma erva com a qual muitos de nós estamos muito familiarizados e o seu aroma amadeirado é exatamente o que afasta os mosquitos, bem como as traças da couve e as moscas da cenoura. O alecrim dá-se melhor em climas quentes e secos e prospera em recipientes, o que pode ser ideal para áreas com invernos. Também podem ser podadas em todo o tipo de formas e tamanhos e são óptimas para bordaduras ou decorações. Enquanto as pragas se mantêm afastadas, pode apreciar o aroma da erva e também utilizá-la para temperar os seus cozinhados.

## Manjericão

**Nome científico** *Ocimum basilicum*

**Classificação:** Plantae
**Classificação superior:** *Ocimum*
DESCRIÇÃO

- Todos os tipos de manjericão podem ser utilizados como repelentes
- As plantas podem ser cultivadas em recipientes
- Boa luz solar e boa drenagem
- Todas as moscas e mosquitos vivem longe desta planta

O manjericão é outra erva que também pode funcionar como repelente de pragas. Os cheiros pungentes que as folhas de manjericão libertam são o que mantém as pragas afastadas. E uma vez que todos os tipos de manjericão funcionam para manter as moscas e os mosquitos afastados, sinta-se à vontade para explorar e encontrar os tipos certos de manjericão para misturar no seu jardim. Esta erva gosta de ser mantida húmida, precisa de uma boa drenagem e gosta de muito sol. Pode plantar o manjericão em recipientes ou no jardim, sozinho ou com outras flores, desde que ambas as plantas cumpram os mesmos requisitos.

A importância do controlo dos mosquitos

Ao longo dos anos, os mosquitos têm transmitido muitas doenças, incluindo malária, dengue, febre amarela, encefalite e, mais recentemente, os vírus do Nilo Ocidental e Zika. Os mosquitos são mesmo responsáveis pela dirofilariose nos cães. Portanto, não se trata apenas de um incómodo ou de uma picada com comichão, mas sim de um problema de saúde para a sua família e para os seus animais de estimação.

Para além de cultivar as plantas acima referidas, deve também praticar um bom controlo dos mosquitos no seu jardim para que as pragas não fiquem fora de controlo. A melhor coisa que pode fazer é evitar que a água se acumule e fique estagnada, os mosquitos podem pôr centenas de ovos mesmo numa pequena colher de água parada.

# Capítulo 9

## Morfologia dos insectos e importância económica das formigas condutoras

### Taxonomia

**Nome comum: Formigas Condutoras**

Nome científico: *Dorylus gribodoi*

Reino: Animália

Filo: Arthropoda

Classe: Insectos

Ordem: Hymenoptera

Família: Formicidae

Subfamília: Dorylinae

Género: Dorylus

### Introdução:

São também conhecidas como formigas safari ou saifu, que é um grande género de formigas do exército que se encontra principalmente na África central e oriental. Saifu é uma palavra emprestada do Swahili. Cada colónia de formigas contém **mais de 20 milhões de** indivíduos. A classe dos soldados é maior do que a das operárias, com uma cabeça muito grande e mandíbulas em forma de pinça. Os machos das formigas condutoras são por vezes conhecidos como "moscas-salsicha", devido ao seu abdómen inchado e morfologicamente semelhante a uma salsicha.

### Ciclo de vida:

Durante a época de acasalamento, formam-se os alados (zangões alados, as rainhas das espécies de formigas condutoras reais não têm asas). Os zangões são maiores do que os soldados e as rainhas são ainda maiores. As verdadeiras formigas condutoras não realizam um voo nupcial, mas acasalam no solo, e as rainhas partem para estabelecer novas colónias. Quando uma colónia de formigas condutoras encontra um macho, arranca-lhe as asas e leva-o de volta para o ninho para ser acasalado com uma rainha virgem. Os machos morrem pouco tempo depois. Depois disso, a rainha põe os primeiros ovos. As rainhas das formigas condutoras são capazes de pôr até **3-4 milhões de** ovos por mês e **250 milhões de** ovos durante a sua vida. Os operários e os soldados são estéreis. Podem viver de várias semanas a vários anos. As rainhas podem viver até 30 anos e as operárias de um a três anos. No entanto, os machos podem sobreviver apenas algumas semanas. O seu tamanho é de **2 mm a 25 mm (0,08 a 1 polegada**).

### Caraterísticas principais:

> Em caso de escassez de alimentos, abandonam o monte e formam colunas de até **50.000.000 de** formigas pequenas, que são consideradas uma ameaça para as pessoas. Esta coluna só consegue percorrer cerca de **20 metros** numa hora.
> Devido a esta longa coluna, defendem-se de qualquer invasor.
> A sua mordedura é muito dolorosa e cada soldado deixa duas feridas de perfuração quando é retirado. A remoção é difícil porque as mandíbulas são extremamente poderosas.
> São capazes de picar, mas muito raramente o fazem, baseando-se nas suas fortes mandíbulas de corte.
> São utilizadas como suturas naturais de emergência. Vários povos tribais indígenas da África Oriental (por exemplo, Maasai Moran), quando sofrem de um corte no mato, utilizam os soldados para coser as feridas, fazendo com que as formigas mordam de ambos os lados do corte, partindo depois o corpo.
> Utilizado como agrafos cirúrgicos
> São cegos e comunicam através de feromonas.
> Uma grande parte da sua alimentação é constituída por minhocas
> Consomem animais pequenos ou imobilizados e comem a carne
> Atraídos pelo dióxido de carbono da presa

### Papel de predador na agricultura:

> São executados como um serviço de prevenção de pragas nas comunidades agrícolas
> Consomem várias espécies de insectos que atacam as culturas agrícolas
> Podem paralisar ou matar algumas das térmitas e levá-las de volta ao ninho

### O papel numa cultura popular:

São mencionadas no filme Indiana Jones e o Reino da Caveira de Cristal, onde são mostradas a atacar, matar e presumivelmente consumir um homem adulto e são referidas como "formigas grandes e malditas". Podem matar e atacar apenas crianças e pessoas imóveis, mas nunca foram registadas mortes de adultos

# Capítulo 10

## Impacto dos factores abióticos nas pragas de insectos

### Temperatura:

> Pode reduzir ou prolongar o ciclo de vida dos insectos

> Por exemplo, no caso da *Helicoverpa armigera,* o período de oviposição foi de 7,9 dias a 28 °C, mas aumentou 10,4 dias a 25 °C

> A maior parte dos insectos morre a 40-60°C (o efeito mortal depende da duração da temperatura elevada)

> Todas as actividades dos insectos requerem uma temperatura adequada (alimentação, desenvolvimento, reprodução)

> A dinâmica populacional do agente de controlo biológico também é afetada devido ao efeito térmico ou às condições de seca

> A resposta dos insectos varia em função de uma série de temperaturas como 9-55 °C, aumentando a mortalidade individual dos insectos

> Os insectos desenvolvem-se até 10 °C, mas abaixo de 6 °C a mortalidade de certos insectos, como as espécies de coleópteros, sobe para > 99 °C após 9 meses em condições de armazenamento a 45% H.R.

> O arrefecimento e a congelação têm um grande efeito na perturbação fisiológica, mecânica e comportamental dos vários insectos

> Pode alterar os ingredientes químicos e provocar a desidratação das células ou manter os fluidos corporais, mantendo os líquidos abaixo do ponto de fusão

> O escaravelho do pinheiro floresce e dispersa-se com uma melhor taxa de sobrevivência no inverno quente, em comparação com o inverno letal (-16 °C), que reduz drasticamente

> A taxa de desenvolvimento dos insectos é altamente influenciada pela temperatura, só podendo surgir acima do *ponto zero biológico* ou da *temperatura limite de desenvolvimento*

> *Nilapavata lugens* (funil de planta castanha) não mostrou qualquer efeito na capacidade de sobrevivência entre 25-35 °C, mas reduziu a 40 °C.

> Insectos (taxa de crescimento máxima) a 30' C e 32'C

> Micro-organismos e enzimas (mais activos) a 30'C e 40'C.

> Os danos nos géneros alimentícios armazenados podem ser significativamente reduzidos se forem armazenados a temperaturas mais baixas.

### Humidade:

> O teor de humidade deve ser inferior a 10% para uma armazenagem segura
> Nos grãos maduros, a humidade é de cerca de 16-18%

**Se as sementes contiverem humidade superior a 14%, então:**

> Aumenta a velocidade das alterações físicas e químicas provocadas pela ação dos microrganismos e das enzimas.
> Aumenta a população e a atividade de insectos, bactérias e outros microorganismos.

> A respiração de uma grande população de insectos liberta uma grande quantidade de calor, que pode aumentar a temperatura do grão alimentar armazenado. Este fenómeno é conhecido como **aquecimento a seco** dos grãos alimentares.
> O elevado teor de humidade dos grãos alimentares aumenta o seu tamanho. Consequentemente, é necessário mais espaço para o seu armazenamento.

**Se as sementes contiverem humidade inferior a 5%, então:**

> Quebra da estrutura da membrana.
> Acelera a deterioração das sementes.
> > **10 %** dos insectos podem alimentar-se e reproduzir-se
**> >12-14 %** os fungos podem desenvolver-se
**> > 18-20 % de** aquecimento devido à respiração das sementes
**> 20-40 % de** germinação

### Humidade:

> A humidade também pode afetar o comportamento dos insectos, por exemplo, os insectos que passam o inverno como adultos emergem mais cedo em caso de solo seco ou de cama; os vermes podem mover-se mais lentamente em solo húmido.
> A água no estado líquido é também importante para os insectos. Muitos insectos bebem água
> No caso de muitos insectos, o desenvolvimento embrionário só pode começar depois de o ovo ter absorvido alguma água (por exemplo: besouro, mosca da serra...)
> A água líquida pode ser perigosa para os insectos (por exemplo, as larvas jovens do escaravelho da batata podem apresentar uma mortalidade **de 60%** devido a um aguaceiro).
> Efeito da humidade (juntamente com a temperatura) na taxa de desenvolvimento e reprodução (por exemplo, o ácaro da farinha requer cerca de **13%** de humidade

para uma reprodução óptima)

## Luz:

**A luz pode afetar os insectos de várias formas**
**1. Intensidade**
**2. Posição atual do Sol no céu**
**3. Comprimento de onda (cor)**
**4. Fotoperíodo**

### 1. Intensidade da luz:

> A intensidade da luz pode ser perigosa apenas para os animais que vivem em locais escuros, por exemplo: no solo ou numa caverna (radiação ultravioleta da luz solar)

**A intensidade da luz pode influenciar a atividade diária dos animais**

> Espécies de insectos noturnos (activos durante a noite)
> Espécies de insectos diurnos (activos durante o dia)

### 2. Posição atual do Sol no céu:

> Desempenha um papel vital na orientação espacial dos insectos

### 3. Táxis fotográficos:

> outros insectos podem utilizar a posição atual do Sol no céu para se orientarem no espaço, por exemplo: o escaravelho da batata move-se sempre no mesmo ângulo em relação à direção da luz quando procura plantas para se alimentar
> As abelhas utilizam o ângulo da colmeia e a direção da luz; podem orientar-se dentro da colmeia escura devido ao seu relógio interno; podem corrigir o ângulo da direção da luz e a direção do voo (dança das abelhas, dança do abanar da cauda)
> A direção da dança difere da vertical no mesmo ângulo que a fonte de alimento toma em relação ao Sol. A duração da dança indica a distância da fonte de alimento à colmeia

### 4. Comprimento de onda (cor):

> Existem diferenças significativas na visão cromática dos insectos
> As abelhas conseguem percecionar a luz ultravioleta como uma cor, mas não

conseguem ver a cor vermelha.

> O comprimento de onda tem um efeito no comportamento dos insectos (armadilhas de cor, por exemplo: placas amarelas).

### 5. Fotoperíodo:

> É a duração dos períodos de luz **(fase foto)** e de escuridão **(fase skoto)** num dia

> Pode causar alterações morfológicas, por exemplo: no caso de uma fase fotográfica de 16 horas ou mais, *a Euscelis plebejus (*cigarra*)* desenvolve-se para uma espécie com asas mais longas, mas sob uma fase fotográfica de 16 horas desenvolve-se para uma espécie com asas mais curtas.

dos órgãos genitais de pequenos escaravelhos é o método mais fiável para uma determinação exacta)

### Médio:

### Ar

> Apenas um espaço temporário onde podem ocorrer insectos

> Pequenos insectos sem asas que utilizam as correntes de ar quente ascendentes foram capturados em alturas surpreendentes (4500m)

> As alterações da pressão atmosférica também têm efeito no comportamento dos insectos, geralmente todos os insectos se escondem em tempo de vento

> Insectos capazes de voar, geralmente voam contra a brisa e são levados pelo vento

### Solo:

> Todos os parâmetros físicos e químicos dos solos têm efeitos sobre os insectos terrestres (transmitidos pelo solo), por exemplo: Agriotes spp. (escaravelhos) os vermes preferem solos com pH 4,0-5,5

> O teor de matéria orgânica do solo é uma importante fonte de alimento para as larvas de besouro e para os vermes nos seus primeiros estádios larvares

> O teor de $CO_2$ do ar do solo é bastante elevado, mas os insectos terrestres podem tolerá-lo, por exemplo, as larvas de *Melolontha melolontha* podem sobreviver até um mês em ar saturado de $CO_2$: *O Zabrus tenebrioides* (escaravelho do solo, importante praga dos cereais) não consegue sobreviver em solos arenosos soltos porque as suas larvas necessitam de argila para criar os seus tubos verticais no solo.

# Capítulo 11

## Armadilha solar de luz UV

O Solar UV-Light Trap é o resultado do trabalho do nosso supervisor em IPM. Ele reinventou a armadilha solar de luz ultravioleta como uma ferramenta principal do IPM. Quando nos juntámos à MMRI, o trabalho sobre o fabrico de armadilhas estava em curso e juntámo-nos a este trabalho a meio do fim. Todos os aspectos sobre a Armadilha Solar de Luz UV são os seguintes.

### Introdução:

A agricultura é a principal ocupação do povo paquistanês. Os agricultores deparam-se com problemas de vários tipos de pragas de insectos que prejudicam as culturas e resultam em perdas de produtividade todos os anos. Por conseguinte, é necessário que a comunidade agrícola utilize pesticidas para evitar a infestação das culturas. No entanto, quando os pesticidas são utilizados em grande quantidade, causam efeitos adversos nas pessoas, nos animais, no ambiente e nos inimigos naturais.. Em vez de utilizar pesticidas, são utilizados vários tipos de controlo, incluindo biológico, físico e cultural, para controlar as pragas de insectos, mas agora **foi concebida e desenvolvida uma armadilha solar inovadora com luz UV no MMRI, Yusafwala, Sahiwal, Paquistão,** para prevenir as pragas de insectos utilizando lâmpadas de luz UV e uma bateria de 12 volts como fonte de alimentação para as lâmpadas de luz UV. Esta armadilha tem um sistema de controlo automático para atrair os insectos quando não há luz e o sistema pára quando o sol brilha. É uma alternativa ecológica e altamente eficaz aos pesticidas.

### Objectivos:

Controlar e vigiar as pragas de insectos de várias culturas agrícolas

### Objetivo:

É uma ferramenta básica e melhor para a monitorização de pragas de insectos, organizações de investigação, universidades, aviso de pragas (Wing), extensões agrícolas, agricultores, agricultura biológica de grandes culturas, pomares, jardins, parques e legumes.

### Caraterísticas e vantagens:

> Alimentado por energia solar
> Regulação da altura da cultura
> Ativação/desativação completamente automática
> Tempos ajustáveis
> Powerhouse para mais sub-armadilhas
> Bloqueio de segurança
> Lâmpadas de luz UV utilizadas
> Portátil
> Reduzir o custo de produção
> Resistente a condições climatéricas adversas
> Inseticida amigo do ambiente e não poluente
> Duradouro
> Pode capturar insectos durante toda a noite
> Controlo de numerosos insectos nocivos às culturas e aos armazéns, bem como
> Poupança de mão de obra necessária para a pulverização de pesticidas

> Fácil de instalar

**Como funciona:**

> Atrai insectos e mata-os

> A eletricidade gerada pelo painel solar é armazenada numa bateria, que depois fornece energia às lâmpadas de luz UV

> É uma forma limpa e sem pesticidas de manter as suas culturas longe dos insectos

> É completamente automático para ligar e desligar

> Pode ser utilizada como armadilha-mãe para mais sub-armadilhas

**Tempo para ser instalado:**

De 1 de **fevereiro** a meados de **dezembro**

# Capítulo 12

## IPM e os seus vários métodos contra os insectos-praga

O meu supervisor é de opinião que a praga de insectos pode ser mantida a um nível inferior ao da ETL aplicando a GIP. Ele encarregou-nos de ler o IPM em pormenor para o discutir com os meus colegas de estágio durante as aulas. Também deu uma palestra pormenorizada sobre a GIP. O resumo dos conhecimentos que adquiri sobre GIP durante o meu estágio é o seguinte

### Introdução:

A gestão integrada das pragas (GIP) é uma abordagem ecológica ampla para a gestão das pragas que emprega todas as competências, técnicas e práticas disponíveis, tais como métodos culturais, genéticos, mecânicos e biológicos, incluindo a aplicação de pesticidas químicos como último recurso, de uma forma harmoniosa e compatível, com vista a suprimir a população de pragas abaixo do nível de prejuízo económico, com base na vigilância e monitorização regulares das pragas nas culturas.

### Método de controlo cultural:

> Manter o pomar limpo e saudável
> Remover e destruir hospedeiros selvagens alternativos
> Saneamento no terreno
> Plantar variedades resistentes
> Plantação atempada
> Retirar as folhas infestadas da planta.
> Os folíolos devem ser observados para a incidência fresca, cortando 1 a 2 folhas.
> Irrigar uma vez para evitar uma seca prolongada a meio da estação para prevenir a infestação antes da colheita.
> Monitorização regular do campo e utilização de rede de varredura nas horas da manhã para monitorizar a população de pragas e defensores, culturas de barreira como a cultura da mostarda à volta do campo.

> Cultivar plantas de atração como a fava
> Plantar culturas de bordadura altas como o milho, o sorgo ou o painço para reduzir a população de pragas.
> A aplicação da solução, composta pela mistura de 1 litro de querosene e 100 g de sabão em 9 litros de água, nos orifícios controla eficazmente a lagarta comedora de casca.

> Deve ser efectuado um cultivo limpo/saneamento dos pomares, colhendo e destruindo os frutos infestados.
> Para evitar a postura de ovos nos frutos, colher na fase verde e firme e não deixar os frutos amadurecerem na árvore.
> Destruir as pupas em hibernação, expondo-as à luz solar intensa e às aves
> Antes da colheita, recolher e eliminar os frutos infestados e caídos para evitar a multiplicação e a propagação da população.

### Método de controlo mecânico:

> Qualquer porção infetada deve ser podada imediatamente, seguida de uma aplicação de estrume de vaca nas extremidades cortadas.
> A poda deve ser feita de forma a que uma parte saudável seja também removida, para assegurar a erradicação completa do agente patogénico (3 "abaixo do local da infeção).
> Podar as folhas doentes e as panículas malformadas que albergam o agente patogénico para reduzir a carga de inóculo primário.
> Remover e destruir o pomar doente.
> Remover os detritos vegetais
> Os ramos infectados devem ser recolhidos e queimados
> Retirar as folhas infectadas das fileiras inferiores.
> Instalação de uma armadilha luminosa@1 armadilha/acre
> Recolher e destruir a massa de ovos e as larvas.
> No início e em menor escala, arrancar as folhas com massas de ovos e lagartas jovens e destruí-las.
> Remover e destruir a parte seca infestada e raspar o ramo infestado antes do tratamento
> Técnica de aniquilação de machos: Montar uma armadilha para moscas com metil eugenol. Preparar metil eugenol 1 ml/L de água + 1 ml de solução de Malathion. Tomar 10 ml desta mistura por armadilha e mantê-las em 25 locais diferentes numa ha entre as 6 e as 8 horas da manhã.

### Método de controlo biológico:

Trata-se da manipulação intencional de populações de organismos vivos benéficos, denominados inimigos naturais, a fim de limitar as populações de insectos-praga. Os inimigos naturais são os organismos que matam ou reduzem o número de outros organismos. Os inimigos naturais que limitam as pragas são componentes chave de muitos programas de gestão integrada de pragas, particularmente em culturas protegidas. Os inimigos naturais mais importantes das pragas de insectos e ácaros incluem predadores, parasitas e agentes patogénicos. Exemplos destes são as joaninhas que atacam muitas espécies de afídeos e as vespas parasitas que atacam a mosca branca.

### Tipos de controlo biológico:

O controlo biológico pode ser dividido em três categorias diferentes.

1. Controlo biológico clássico
2. Importação
3. Aumento
4. Conservação

### Controlo biológico clássico:

A melhor maneira de o descrever é como "o reencontro de velhos inimigos", um termo que requer alguma explicação. Em primeiro lugar, temos de reconhecer que as pragas mais graves são invasoras, normalmente provenientes de outro país. Estes invasores chegam, normalmente de forma acidental, como parte de carregamentos de plantas ou produtos alimentares. Quando chegam, encontram-se num novo habitat que carece dos inimigos naturais (predadores e parasitóides de insectos, e doenças) que foram adaptados para manter os números da população dessa espécie sob controlo. Sem estes inimigos naturais, a população da espécie invasora torna-se muito grande, o que normalmente explica o facto de ser uma praga. Reunir velhos inimigos significa que os inimigos naturais que estão adaptados para matar e controlar a população de um inseto são importados do país de origem e libertados no novo local que a praga invadiu.

### Várias abordagens do controlo biológico:

### Importação:

A importação de inimigos naturais, por vezes referida como controlo biológico clássico, é utilizada quando uma praga de origem exótica é o alvo do programa de controlo biológico. As pragas estão constantemente a ser importadas para países onde não são nativas, quer acidentalmente, quer, em alguns casos, intencionalmente.

Muitas destas introduções não resultam em estabelecimento ou, se resultarem, o organismo pode não se tornar uma praga. No entanto, não é invulgar que alguns destes organismos introduzidos se tornem pragas, devido à falta de inimigos naturais para suprimir as suas populações. Nestes casos, a importação de inimigos naturais pode ser altamente eficaz.

## Aumento:

Envolve a libertação de um grande número de inimigos naturais numa área específica, como um campo, jardim ou estufa. Os inimigos naturais libertados são geralmente criados comercialmente e não se espera que vivam mais do que uma estação, ou até que as plantas numa estufa sejam vendidas.

### *Existem dois tipos de aumento:*

O primeiro tipo, a inundação, envolve a libertação de um grande número de inimigos naturais que se espera que tenham um impacto imediato na população de pragas. Pode pensar-se na inundação como a aplicação de um inseticida vivo. Muitas vezes, isto pode envolver pulverizações microbianas (virais, bacterianas ou fúngicas) ou a libertação de um grande número de escaravelhos predadores. O segundo tipo, a inoculação, envolve a libertação de pequenos números de inimigos naturais que se espera que proporcionem controlo no futuro, aumentando o seu número através da reprodução. Pode pensar-se neste tipo de aumento como uma inoculação como a que uma pessoa recebe para se proteger contra uma doença.

**O aumento é normalmente utilizado nas seguintes situações:**

> Estufas
> Celeiros para controlar as moscas da sujidade
> Pomares e vinhas
> Produção de produtos hortícolas e de pequenos frutos
> Culturas arvenses
> Jardins domésticos
> Os produtos de aumento típicos incluem:
> Escaravelhos Lacewings

> Ácaros predadores

> Louva-a-deus
> Nemátodos (podem ser pulverizados)
> Vírus de insectos (podem ser pulverizados)
> Fungos (podem ser pulverizados)
> Protozoários (podem ser pulverizados)
> Vespas parasitas

### Conservação:

Trata-se de fazer coisas que conservem os inimigos naturais que já vivem numa área e os tornem mais eficazes. Assim, em vez de importar novos inimigos naturais, basta fazer com que os que já existem funcionem melhor.

**Algumas das formas de conservação dos inimigos naturais podem ser realizadas:**

1. Fornecimento de recursos alimentares não hospedeiros para o inimigo natural. Por exemplo, alguns parasitóides precisam de se alimentar de plantas para terem energia suficiente para encontrar os insectos praga e parasitá-los. Assegurar que essas plantas estão disponíveis na área próxima da praga é um tipo de controlo biológico de conservação.

1. A redução do uso de insecticidas ou a utilização de insecticidas que não prejudiquem os inimigos naturais é outro tipo comum de conservação dos inimigos naturais.

### Biopesticidas:

### Introdução:

O biopesticida é uma formulação feita a partir de substâncias naturais que controlam as pragas através de mecanismos não tóxicos e de forma ecológica.
Os biopesticidas podem ser derivados de animais (por exemplo, nemátodos), plantas (Chrysanthemum, Azadirachta) e microrganismos (por exemplo, Bacillus thuringiensis, Trichoderma, vírus da nucleopoliedrose), e incluem organismos vivos (inimigos naturais), etc.
No entanto, os biopesticidas são geralmente menos tóxicos para o utilizador e são organismos não visados, o que os torna instrumentos desejáveis e sustentáveis para a gestão de doenças.

### Vantagens dos biopesticidas:

> Inerentemente menos nocivo e com menor carga ambiental, concebido para afetar

apenas uma praga específica ou, em alguns casos, alguns organismos-alvo, muitas vezes eficaz em quantidades muito pequenas e frequentemente decompondo-se rapidamente, resultando assim em exposições mais baixas e evitando em grande medida os problemas de poluição.

- Quando utilizados como um componente de programas de Gestão Integrada de Pragas (GIP), os biopesticidas podem dar um grande contributo.

### Tipos de biopesticidas:

- Pesticidas microbianos
- Protectores incorporados em plantas (PIP)
- Pesticidas bioquímicos
- Pesticidas botânicos
- Agentes bióticos (parasitóides e predadores)

### Pesticidas microbianos:

- Os pesticidas microbianos são compostos por organismos vivos microscópicos (vírus, bactérias, fungos, protozoários ou nemátodos) ou por toxinas produzidas por esses organismos
- Aplicado como pulverizações insecticidas convencionais, pós ou grânulos.
- A sua maior força é a sua especificidade, uma vez que a maioria é essencialmente não tóxica e não patogénica para os animais e os seres humanos.

Os pesticidas microbianos incluem insecticidas, fungicidas, herbicidas e reguladores de crescimento de origem microbiana.

**Alguns dos Pesticidas Microbianos Importantes**

**a. *Bacillus thuringiensis:***

- Descoberto no Japão no início do século XX e comercializado pela primeira vez em França em 1938.
- Controlar as pragas de lepidópteros, como o bicho-da-farinha-americano no algodão e as brocas do caule no arroz.
- Quando ingerido por larvas de pragas, o Bt liberta toxinas que danificam o intestino médio da praga, acabando por a matar.
- As principais fontes para a produção de preparações Bt são as estirpes das subespécies *kurstaki, galeriae e dendrolimus*

**b. *Agrobacterium radiobacter* (Agrocin);**

- *A Agrobacterium radiobacter* é utilizada para tratar as raízes durante a transplantação, para controlar a galha da coroa.
- A galha da coroa é uma doença do pêssego, da videira, da roseira e de várias plantas causada pelo agente patogénico *Agrobacterium*

*tumefaciensm,* transmitido pelo solo.

**c. *Trichoderma***

O *Trichoderma* é um fungicida eficaz contra doenças transmitidas pelo solo, como a podridão radicular.

Também é utilizado contra a *Necteia galligena,* que causa a doença da folha prateada das árvores de fruto, penetrando nas feridas de poda.

**d. *Metarizium anisopliae***

Infecta os escaravelhos e os escaravelhos-rinocerontes.

**f. *Beauveria bassiana***

- Controla o escaravelho da batata do Colorado.

**g. *Verticillum lecanii***

-Controla os pulgões e as moscas brancas.

**h. *Nomuraea riley***

- Controla a lagarta da soja.

**i. *Baculovírus* (Bvs)**

- Controlo das pragas de lepidópteros e himenópteros.
- ADN circular de cadeia dupla super enrolado em forma de haste.

### Protectores incorporados em plantas (PIP)

Substâncias pesticidas que as plantas produzem a partir do material genético que foi adicionado à planta.

- Como a praga se alimenta dessas plantas, elas acabam por morrer.

### Pesticidas botânicos:

- Trata-se de material vegetal de ocorrência natural que pode ser uma preparação bruta das partes da planta moídas para produzir um pó que pode ser utilizado em força total ou na forma diluída num veículo como a argila, o talco ou a terra de diatomáceas.
- A "azadiractina" afecta o processo reprodutivo e digestivo das pragas.
- Vários insecticidas à base de plantas, como os nicotinóides, as piretrinas naturais, os rotenóides, os produtos de neem, etc.

### Pesticidas bioquímicos:

- São substâncias naturais que controlam as pragas através de mecanismos não tóxicos.
- Os pesticidas bioquímicos incluem substâncias como as feromonas sexuais dos

insectos que interferem com o acasalamento e que atraem os insectos para as armadilhas.

# Capítulo 13

## Extração e Determinação da Atividade Anti-Oxidante de Polifenóis do Bagaço de Cenoura, e sua Utilização em Barras de Aveia Tâmara.

**Autores: Hammad Naeem[1] , Umar Niaz[2] e Sarmad Sattar[1] Instituto Nacional de Ciência e Tecnologia Alimentar[1] e Departamento de Entomologia[2] , Universidade de Agricultura de Faisalabad, Paquistão Autor correspondente: Hammad Naeem**
**Correio eletrónico: { HYPERLINK "mailto:hammadnaeem50@gmail.com" }**

### Resumo

O bagaço de cenoura contém polifenóis em grandes quantidades. Os polifenóis desempenham um papel importante na prevenção de doenças degenerativas, como o cancro e as doenças cardiovasculares. O bagaço de cenoura é desperdiçado com todos estes compostos úteis. O bagaço de cenoura ou o seu extrato podem ser utilizados em produtos alimentares para combater a escassez de alimentos. A extração de moléculas de materiais biológicos por técnicas convencionais, como a simples maceração, é morosa. A sonicação rompe as membranas celulares. Reduz consideravelmente o tempo de extração e aumenta o rendimento do extrato. Estes fenólicos foram extraídos utilizando técnicas convencionais de maceração e técnicas avançadas de Sonicação. Os extractos foram utilizados em barras de tâmaras funcionais. As barras foram então testadas para determinação dos fenólicos totais nelas presentes. O teor total de polifenóis das barras funcionais de tâmaras com 1% de extrato foi de 3,160 mg GAE/g de extrato. A atividade antioxidante em termos de % de inibição da barra funcional de tâmaras com 1% de extrato é de 26,70%. É evidente a partir dos resultados que os extractos de bagaço de cenoura contêm um número significativo de polifenóis e de atividade antioxidante. O potencial de redução dos resíduos para combater as questões de segurança alimentar é elevado, uma vez que se estima que, com uma redução de 50 % dos actuais resíduos alimentares, o mundo pouparia 1314 biliões de kcal por ano. Isto representa uma redução de cerca de 22% do número de calorias adicionais necessárias para alimentar a população projectada até 2050.

### Introdução

A cenoura pertence à família *das Apiaceae.* A cenoura é originária da Ásia. As cenouras são particularmente ricas em caroteno (pró-vitamina A) e também numa quantidade significativa de polifenóis. As cenouras também são conhecidas por terem polifenóis e antioxidantes. As cenouras são consumidas frescas, em salada ou cozinhadas. São também transformadas em grandes quantidades, isoladamente ou em misturas com outros legumes, por enlatamento ou congelação.

Os polifenóis são um grupo de substâncias químicas presentes nas plantas. Os polifenóis estão naturalmente presentes nas plantas. Os polifenóis não são nutrientes essenciais, o que significa que não são necessários ao corpo humano para sustentar a vida, mas podem exercer funções benéficas. As frutas e os legumes são fontes de polifenóis. Os polifenóis desempenham um papel importante na prevenção de doenças degenerativas, como o cancro e as doenças cardiovasculares. Os polifenóis são antioxidantes. Os antioxidantes são as substâncias que impedem a oxidação. Os antioxidantes, polifenóis e carotenóides, podem ajudar a proteger as células dos danos causados pelos radicais livres.

A extração de moléculas de materiais biológicos por técnicas convencionais, como a simples maceração, é morosa. O desenvolvimento de técnicas modernas, como a extração assistida por micro-ondas ou a extração assistida por ultra-sons. A sonicação rompe as membranas celulares. Reduz consideravelmente o tempo de extração e aumenta o rendimento do extrato. A aplicação de ultra-sons rompe as estruturas da parede celular e acelera a difusão através das membranas; deste modo, a célula é lisada, o que facilita a libertação do conteúdo celular.

O potencial de redução dos resíduos para combater as questões de segurança alimentar é elevado, uma vez que se estima que, com uma redução de 50 % dos actuais resíduos alimentares, o mundo pouparia 1314 biliões de kcal por ano. Isto representa uma redução de cerca de 22% do número de calorias adicionais necessárias para alimentar a população projectada até 2050. Até ao ano 2100, prevê-se que a população mundial aumente para 11,2 mil milhões de pessoas. Para alimentar esta população projectada e abordar a segurança alimentar e as questões ambientais, a redução dos resíduos e a utilização dos recursos alimentares são as estratégias importantes a desenvolver. A caraterização nutricional dos resíduos de frutos e produtos hortícolas sugere que a maioria destes restos de culturas e subprodutos pode ser utilizada, recuperada e convertida em produtos alimentares de valor acrescentado. Assim, o valor acrescentado destes resíduos através da tecnologia de secagem e de métodos de extração para produtos desidratados e produtos nutracêuticos, respetivamente, pode ser uma opção de mercado alternativa para as indústrias alimentares e associadas. Incorporámos extrato fenólico em barras de tâmaras para podermos beneficiar das suas propriedades anti-oxidantes. As barras de tâmaras têm um elevado valor nutritivo. Os consumidores preferem as barras de tâmaras mais saborosas, acompanhadas de caraterísticas texturais adequadas que podem ser obtidas através do equilíbrio dos ingredientes. A atividade antioxidante resultante da presença de compostos fenólicos nas barras está bem estabelecida.

## Objectivos:

1. Efetuar a análise de proximidade do pó de bagaço de cenoura.
2. Determinar o teor de polifenóis do extrato de bagaço de cenoura.
3. Determinar a atividade antioxidante do extrato de bagaço de cenoura.
4. Produzir barras de data funcionais.

# Materiais e métodos

O estudo de investigação foi realizado no Instituto de Investigação em Ciências Alimentares (FSRI), Centro Nacional de Investigação Agrícola (NARC), Islamabad, Paquistão.

## Seleção de legumes:

As cenouras foram adquiridas no mercado local de produtos hortícolas, em Islamabad, e transferidas para o FSRI, NARC.

## Preparação do pó de bagaço:

Os legumes foram bem lavados, o sumo foi extraído e o peso fresco do bagaço de cenoura foi medido numa balança de carga superior calibrada. (Seedburo 8800A).

## Secagem do bagaço de cenoura:

Os bagaços de cenoura foram secos ao sol durante 10 horas e, em seguida, secos em estufa de ar quente (Mermmet ULM-500) a $50^0$ C durante 48 horas até que o teor de humidade dos bagaços de cenoura fosse reduzido para 10% ou menos. O bagaço de cenoura seco foi pesado numa balança de carga superior.

**Fig. 5.** Secagem ao sol. **Fig. 6.** Secagem em estufa.

### Moagem do bagaço de cenoura

O bagaço de cenoura seco foi triturado até se tornar um pó fino num moinho Cyclotech com um peneiro de 0,5 mm e pesado.

### Conservação do pó de bagaço:

O pó de bagaço foi embalado em sacos de fecho hermético e armazenado a uma temperatura de refrigeração de $4^0$ C até estudos posteriores.

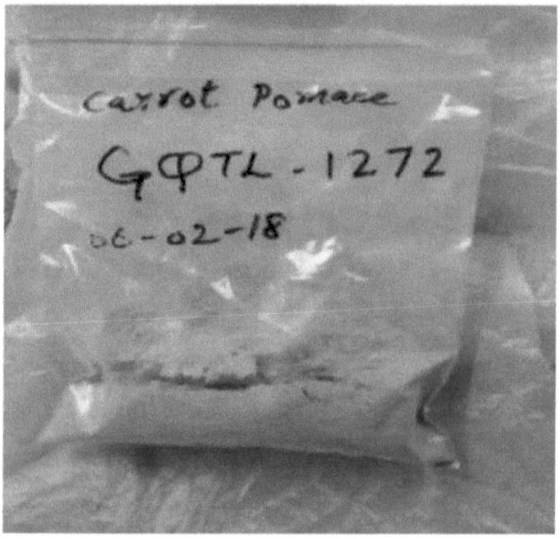


**Fig. 7.** Pó de bagaço de cenoura.

## Determinação do teor de humidade no pó de bagaço de cenoura

### Princípio

A amostra é pesada e colocada numa estufa de ar quente com temperatura regulada para $130^0$ C durante 1 hora (60 minutos). O peso após a secagem é utilizado para determinar o teor de humidade da amostra.

### Aparelhos

- Forno de ar quente (Memmert OVEN FML-13)

- Pratos de humidade

- Dessecador

- Espátula de plástico

- Balança de pesagem analítica

## Procedimento

Pegar em duas placas de humidade e etiquetá-las. Colocar 2 g de bagaço de cenoura em pó nestas placas de humidade. Anotar o peso das placas de humidade vazias e o peso exato da amostra colhida. Cobrir as placas de humidade com tampas e transferi-las para a estufa de ar quente, destapando-as em seguida. Ajustar a temperatura a $130^0$ C e anotar o momento em que a temperatura atingiu $130^0$ C. Após 1 hora (60 minutos), desligar o forno e retirar as placas de humidade do forno com a ajuda de luvas e cobrir as placas com tampas. Colocar agora as placas de humidade no exsicador durante 15-25 minutos. Depois, as placas de humidade são arrefecidas à temperatura ambiente. Retirar as tampas e pesá-las novamente.

## Cálculo:

$$\%Moisture = \frac{Initial\ weight - Final\ weight}{Sample\ weight} \times 100$$

Fig. 8. Forno de ar quente.

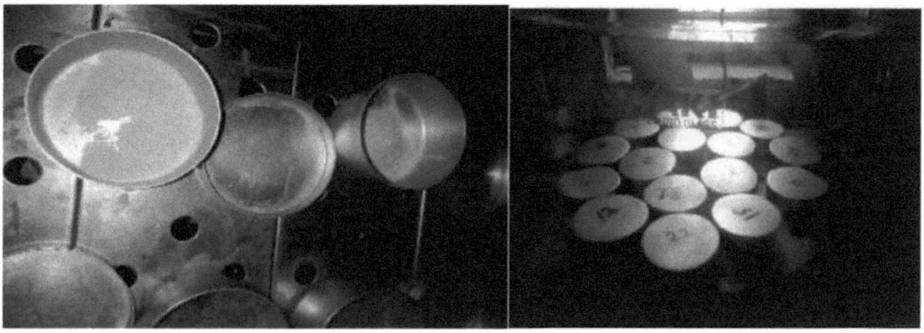

**Fig. 9.** Placas de humidade contendo a amostra. **Fig. 10.** Placas de humidade no exsicador.

## Determinação de cinzas em pó de bagaço de cenoura

### Princípio:

A alta temperatura, ou seja, $550^0$ C, todos os compostos orgânicos são queimados. Os minerais são menos voláteis do que outros compostos alimentares e não são destruídos a esta temperatura elevada. O material inorgânico deixado para trás é chamado de cinzas (minerais).

### Aparelhos

- Forno abafado (CARBOLITE AAF 1100)
- Cadinhos com tampa
- Dessecador
- Balança de pesagem analítica

### Procedimento

Colocam-se cadinhos limpos à temperatura ambiente e pesam-se sem tampa. Pegar em 3 g de bagaço de cenoura em pó. Anotar o peso com exatidão. Colocar agora as tampas nos cadinhos e transferi-los para o forno de mufla. Ajustar a temperatura para $550^0$ C e deixar a amostra incinerar durante cerca de 18 horas (durante a noite) até se obterem cinzas cinzentas esbranquiçadas claras. Retirar cuidadosamente os cadinhos com a ajuda de luvas e colocá-los no exsicador durante 15-25 minutos. Quando os cadinhos tiverem atingido a temperatura ambiente, pesá-los com exatidão.

### Cálculo:

$$\%Ash = \frac{\text{Final weight} - \text{Crucible weight}}{\text{Sample weight}} \times 100$$

**Fig. 11.** Forno de mufla.

## Determinação do teor de fibra bruta no pó de bagaço de cenoura

### Princípio:

A fibra bruta é um resíduo orgânico insolúvel e combustível que permanece após a amostra ter sido tratada em condições conhecidas, ou seja, ácido sulfúrico 0,25 N e solução de NaOH 40,7%.

### Materiais e aparelhos:

- Ácido sulfúrico 0,25 N
- Hidróxido de sódio 407 g/L (40,7%)
- Água destilada
- Fibra bruta Aparelho de digestão
- Tecido de musselina
- Forno
- Forno abafado
- Cilindros de medição
- Copos

### Procedimento:

Pesar um cadinho vazio. Pesar 2 g de amostra no cadinho. Colocar a amostra num copo. Adicionar 200 mL de ácido sulfúrico. Ferver durante 30 minutos. Desligar o lume e adicionar 10 ml de hidróxido de sódio. Ferver durante mais 30 minutos. Remover e filtrar através de um pano de musselina. Lavar o resíduo com água destilada quente para remover o excesso de álcali. Secar o cadinho com o resíduo a 130° C durante 1 hora. Deixar arrefecer e pesar (A). Incendiar os resíduos a 600° C num forno abafado durante a noite.

Peso do cadinho + Amostra após secagem (A)

Peso do cadinho + Amostra após incineração (B)

**Cálculos:**

$$\%\text{Crude fiber} = \frac{A - B}{\text{Sample weight}} \times 100$$

**Fig. 12.** Aparelho de digestão de fibra bruta.

## Determinação do teor de gordura no bagaço de cenoura em pó

### Princípio:

A gordura (triglicéridos) pode ser determinada através da extração das amostras com um solvente adequado, por exemplo, hexano, éter de petróleo, etc., num aparelho de extração contínua. O solvente é recolhido e a gordura restante é seca em estufa e pesada.

### Material e aparelhos:

- Balança analítica
- Sistema de aparelhos Buchi (B-740)
- Copos
- Dedal de celulose
- Dessecador
- Forno
- n hexano

### Procedimento:

Foram pesados 3 g de amostra num dedal e cobertos com papel de seda. Os béqueres clássicos

Buchi foram secos a 105° C durante 30 minutos. Arrefeceram e pesaram (W1). Foram adicionados 35-40 mL de solvente. O dedal e o copo foram fixados no aparelho. A posição de ebulição foi definida para 45 minutos. A posição de lavagem foi definida para 35 minutos. O solvente foi recolhido bloqueando a saída de extração. O copo com a gordura foi seco a 105° C durante 30 minutos, arrefecido num exsicador e pesado (W2).

## Cálculo:

$$\%Fat = \frac{W_2 - W_1}{\text{Sample weight}} \times 100$$

**Fig. 13.** Aparelho de Soxhlet.

# Extração de polifenóis

## A. Extração assistida por ultra-sons

**Princípio:**

O Sonicator produz ondas ultra-sónicas que quebram a amostra a nível molecular. O solvente penetra na amostra e os polifenóis são dissolvidos no solvente.

**Aparelho:**

- Sonicador
- Copos
- Frascos de reagentes
- Funis de vidro
- Papel de filtro Whatman 41

- Folhas de alumínio
- Frascos de fundo redondo
- Cilindro volumétrico

**Produtos químicos:**

- Etanol (solução a 50%)
- Metanol (solução a 50%)

**Procedimento:**

Pesar cuidadosamente 3 g de pó de bagaço de cenoura e colocá-lo em cada um dos 4 frascos de reagente (125 mL). Em 2 frascos de reagente foi colocada uma solução de etanol a 50% e em 2 frascos de reagente foi adicionada uma solução de metanol a 50%. A proporção entre a amostra e o solvente deve ser de 1:20. Os frascos de reagente foram bem fechados com as respectivas tampas. Adicionou-se água destilada no sonicador até ao nível ótimo. Os frascos de reagentes foram cuidadosamente colocados no sonicador. O sonicador foi ligado durante 1 hora a 50° C. Após 1 hora, os frascos de reagente foram retirados do sonicador e arrefecidos à temperatura ambiente.

**Fig. 14. Sonicador.**

**Fig. 15. Reagentes Frascos contendo a amostra.**

**Filtragem:**

**Procedimento:**

Foram colocados 4 frascos de fundo redondo nos respectivos suportes. As amostras do sonicador foram filtradas para frascos de fundo redondo utilizando papel de filtro Whatman n.º 41.

**Extração por solventes:**

**Aparelho:**

- Evaporador rotativo (BUCHI B-490)
- Circulação do refrigerador
- Controlador de vácuo
- Forno de ar quente
- Copos
- Folha de alumínio

**Procedimento:**

Foi adicionada água destilada ao banho de água até ao nível ótimo. A temperatura do banho de água foi fixada em 50° C. O refrigerador foi ligado e a sua temperatura foi fixada em 20° C. A pressão do controlador de vácuo foi fixada em 120mbar. O balão de fundo redondo foi ligado ao condensador e ao rotador. A rotação foi ligada. O solvente foi evaporado e condensado no condensador e recolhido na câmara de recolha. Evaporou-se o solvente até restarem 10 ml de amostra. Este procedimento foi repetido para cada balão de fundo redondo que continha a amostra. O extrato restante do pó de bagaço de cenoura foi recolhido em copos de 30 ml. Estes copos foram colocados numa estufa de ar quente a 45° C durante 16 horas para evaporar completamente a água restante. Cada um dos copos foi coberto com folha de alumínio e colocado no frigorífico até à análise posterior.

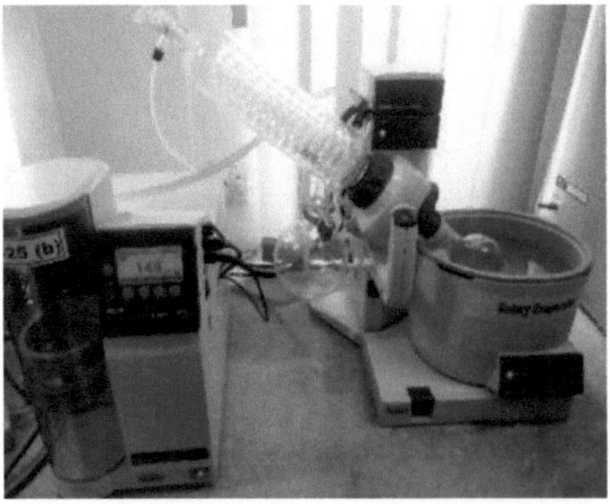

**Fig. 16.** Evaporador rotativo.

## B. Técnica de extração por maceração

**Princípio:**

A solução que contém a amostra é colocada num banho-maria agitado durante 22 horas a 40° C. O banho-maria agita a amostra, aumentando assim a extração de polifenóis.

**Aparelhos e produtos químicos:**

- Banho-maria com agitação
- Etanol (solução a 50%)
- Metanol (solução a 50%)
- Bagaço de cenoura em pó
- Balança analítica (modelo 8800A)
- Frascos cónicos
- Folha de alumínio

**Procedimento:**

Tomaram-se 4 frascos cónicos e pesaram-se 3 g de bagaço de cenoura em pó em cada um deles. Adicionaram-se 45 ml de solução de etanol a 50% em 2 frascos cónicos e 45 ml de solução de metanol a 50% nos restantes 2 frascos. Cada um destes frascos cónicos foi coberto com folhas de alumínio e apertado com elásticos. O banho-maria com agitação foi enchido com água destilada até ao nível ótimo. Os frascos cónicos foram colocados num banho-maria com agitação durante 22 horas a 40° C. A filtração, a extração com solvente e o extrato de bagaço foram armazenados segundo o mesmo procedimento descrito acima para a extração assistida por ultra-sons.

**Fig. 17.** Banho-maria com agitação.

**Fig. 18.** Frasco cónico com amostra.

## Determinação do teor de polifenóis totais

O teor de polifenóis totais do pó de bagaço de cenoura foi determinado pelo método de Folin-Ciocalteu, como explicado por Singleton (1999). Foram preparadas soluções-padrão de ácido gálico a diferentes concentrações

(12,5, 25, 50, 100, 200, 400 µg/mL). A solução etanólica do extrato da amostra 10mg/mL foi preparada para a análise. 0,5mL de solução etanólica foi misturado com 2,5mL de reagente de folin-ciocalteu a 10% dissolvido em água e 2,5mL de **Na2Co3** a 7,5%. Simultaneamente, foi preparado um branco com 0,5 ml de etanol, 2,5 ml do reagente de Folin-ciocalteu diluído em água e 2,5 ml de **Na2Co3** a 7,5%. Em seguida, a amostra foi incubada a 25° C durante 30 minutos. A curva de calibração foi preparada a partir de várias concentrações de soluções padrão de ácido gálico. A absorvância foi determinada a 765nm com um espetrofotómetro UV-visível. O teor total de polifenóis foi expresso em mg de equivalente de ácido gálico (GAE)/g de extrato.

**Fig. 19**. Microfiltração.

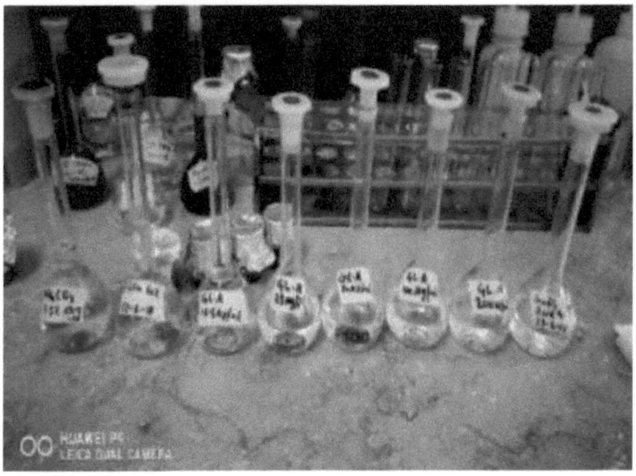


**Fig. 20.** Padrões de ácido gálico em balões volumétricos.

## Determinação da atividade antioxidante do pó de bagaço de cenoura

A atividade antioxidante do extrato de bagaço de cenoura foi determinada pelo ensaio de eliminação do radical DPPH (1, 1-difenil-2-picril-hidrazil), de acordo com o método de Brand William *et al.*

(1995), com algumas modificações. A solução-mãe de DPPH foi preparada dissolvendo 0,006 g de DPPH em 25 ml de metanol. Foram preparados extratos de bagaço de cenoura de concentrações 400µg/ml, 200µg/ml, 100µg/ml, 50µg/ml. A solução de trabalho foi obtida solução DPPH com metanol para obter uma absorvância de 0,9921 a 517nm usando espectrofotômetro UV-visível. 3mL da solução de DPPH de trabalho acima mencionada foram misturados com 200µL das amostras em diferentes concentrações (50-400µg/mL). A solução nos tubos de ensaio foi bem agitada e incubada no escuro durante 15 minutos à temperatura ambiente. A absorvância para todos os tubos de ensaio foi tomada a 517nm. A atividade de eliminação foi estimada com base na porcentagem de radical DPPH.

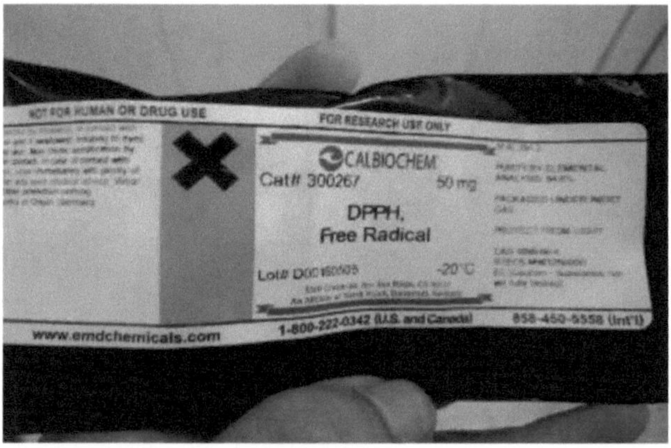


**Fig. 21.** Radical livre DPPH.

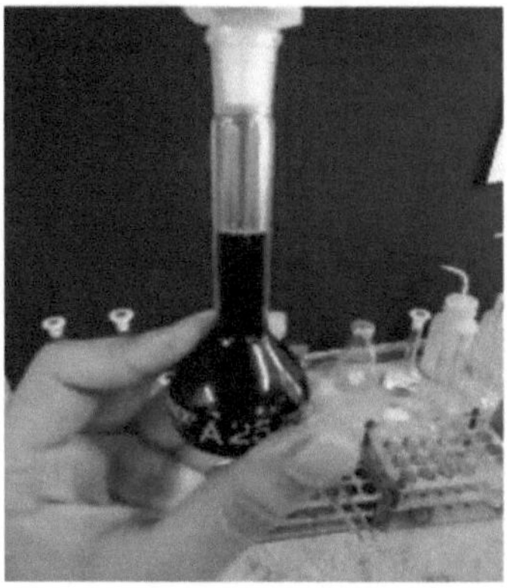

**Fig. 22.** Solução-mãe de DPPH.

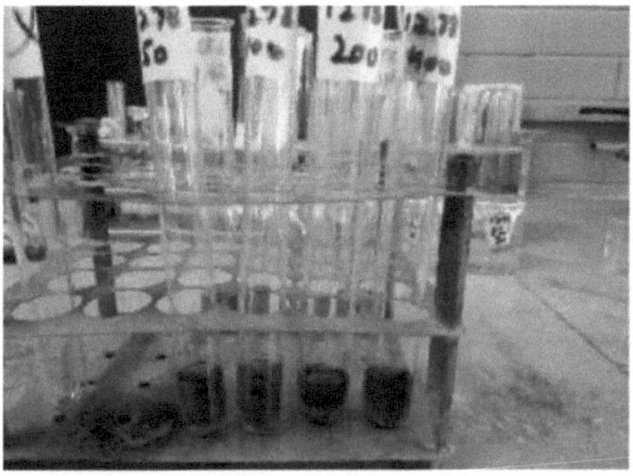

**Fig. 23.** Tubos de ensaio com solução.

## Preparação de barras de tâmaras funcionais

### Ingredientes:

**Para controlo:**

- Datas: 60%
- Aveia: 20%
- Amêndoas: 16%
- Óleo de coco: 4%

**Para $T_1$ (1%):**

- Datas: 59%
- Aveia: 20%
- Amêndoas: 16%
- Óleo de coco: 4%
- Extrato: 1%.

**Para $T_2$ (3%):**

- Datas: 57%
- Aveia: 20%
- Amêndoas: 16%
- Óleo de coco: 4%
- Extrato: 3%

### Preparação:

As amêndoas e a aveia foram bem moídas num moinho. Foi adicionado extrato de cenoura em diferentes proporções (1%, 3%). As tâmaras foram adicionadas ao moinho. O óleo de coco foi adicionado ao moinho. Todos os ingredientes foram bem triturados. Transferiu-se toda a mistura para um tabuleiro e colocou-se o tabuleiro no frigorífico durante 10 minutos. Retirar o tabuleiro do frigorífico e cortar a mistura em barras de 7,5 cm de comprimento, 2,5 cm de largura e 1 cm de altura. As barras foram embaladas em papel manteiga.

### 3. Avaliação sensorial de barras de tâmaras funcionais

A avaliação sensorial destas barras de tâmaras funcionais foi efectuada em termos de cor, sabor, aroma, textura e aceitabilidade global por um painel constituído por 5 juízes, homens e mulheres, de diferentes faixas etárias e origens. As amostras foram apresentadas em sucessões e foi pedido ao painelista que classificasse as variáveis de avaliação de acordo com uma escala hedónica de 9 pontos. Escala hedónica (1=desgosto extremo e 9=gosto extremo).

## Análise Proximal de Barras de Tâmaras Funcionais

A análise proximal das barras de tâmaras funcionais inclui humidade, cinzas, gordura, fibra bruta e foi realizada de acordo com os métodos padrão da AOAC (2010).

## Determinação do teor de polifenóis totais

O teor de polifenóis das barras funcionais de tâmaras foi determinado pelo mesmo método que o utilizado para o bagaço de cenoura em pó, descrito acima.

## Extração de polifenóis de barras de tâmaras funcionais

O processo de extração dos polifenóis das barras de tâmaras funcionais é idêntico ao da extração dos polifenóis do bagaço de cenoura em pó, descrito anteriormente.

## Determinação da atividade antioxidante de barras de tâmaras funcionais

O procedimento para a determinação da atividade antioxidante das barras de tâmaras funcionais é idêntico ao da determinação da atividade antioxidante do bagaço de cenoura em pó, descrito acima.

## Resultados

### Quadro 1: Análise aproximada do pó de bagaço de cenoura

| Sr. No. | Proximate analysis | Composition (%) |
|---|---|---|
| 1. | Moisture | 8.94 |
| 2. | Ash | 5.72 |
| 3. | Fat | 1.34 |
| 4. | Fiber | 16.43 |

É evidente no quadro 2 que o pó de bagaço de cenoura tem uma composição óptima, tal como descrito por outros investigadores.

### Quadro 2: Rendimento do extrato de bagaço de cenoura.

| Replication | Yield (%) |
|---|---|
| 1 | 24.14 |
| 2 | 25.67 |
| 3 | 26.09 |
| 4 | 25.88 |
| Mean± Std Dev. | 25.45±0.88 |

O rendimento do extrato de bagaço de cenoura está dentro dos limites descritos em estudos anteriores.

### Quadro 3: Teor de polifenóis totais do extrato de bagaço de cenoura (ultra-sons)

| Sample GQTL 1272 | Absorbance (nm) (Y) | Mg GAE/g of extract |
|---|---|---|
| Rep. 1 | 0.7646 | 17.96 |
| Rep. 2 | 0.6919 | 17.10 |
| Rep. 3 | 0.7358 | 17.89 |
| Rep. 4 | 1.2243 | 22.91 |
| Mean ±St Dev. | | 18.97± 2.65 |

**Quadro 4: Teor de polifenóis totais do extrato de bagaço de cenoura (Maceração)**

| Sample | Absorbance(nm) (Y) | Mg GAE/g of extract |
|---|---|---|
| GQTL 1272 | | |
| Rep. 1 | 0.7800 | 20.23 |
| Rep.2 | 0.9522 | 18.21 |
| Rep.3 | 1.0989 | 21.49 |
| Rep.4 | 1.0099 | 20.6 |
| Mean± Std Dev. | | 20.13± 1.38 |

É evidente nos quadros 4 e 5 que a extração do teor total de polifenóis obtido com a técnica de maceração foi 6,11% superior à extração assistida por ultra-sons. O extrato de bagaço de cenoura tinha um teor de polifenóis suficientemente elevado para ser estudado e preparado para alimentos funcionais.

**Quadro 5: Atividade de eliminação de DPPH dos polifenóis do extrato de bagaço de cenoura (ultra-sons)**

| Sample GQTL 1272 | Concentration(μg/mL) | Absorbance(nm) | Inhibition (%) |
|---|---|---|---|
| Conc. 1. | 400 | 0.8210 | 45.68 |
| Conc. 2. | 200 | 0.8220 | 26.01 |
| Conc. 3. | 100 | 0.8428 | 15.93 |
| Conc. 4. | 50 | 0.8474 | 8.38 |

**Tabela 6: Atividade de eliminação de DPPH dos polifenóis do extrato de bagaço de cenoura (maceração)**

| Sample GQTL 1272 | Concentration(μg/mL) | Absorbance(nm) | Inhibition (%) |
|---|---|---|---|
| Conc. 1. | 400 | 0.9154 | 47.22 |
| Conc. 2. | 200 | 0.7472 | 28.12 |
| Conc. 3. | 100 | 0.8159 | 15.02 |
| Conc. 4. | 50 | 0.7921 | 9.56 |

É evidente a partir dos quadros 6 e 7 que, à medida que a concentração do extrato diminui, a inibição também diminui, o que reduz a atividade antioxidante do extrato de bagaço de cenoura.

## Tabela no. 7: Análise aproximada das barras de tâmaras funcionais

| Treatment | Moisture% | Ash% | Fat% | Fiber% |
|---|---|---|---|---|
| $T_0$ (control) | 17.11 | 19.95 | 10.56 | 1.81 |
| $T_1$ (1%) | 17.07 | 20.42 | 10.33 | 1.66 |
| $T_2$ (3%) | 17.00 | 21.04 | 10.72 | 1.47 |

## Quadro n.º 08: Avaliação sensorial da barra de tâmaras funcional

| Sample | Color | Taste | Flavor | Texture | Overall acceptability |
|---|---|---|---|---|---|
| Control ($T_0$) | 7.20 | 6.60 | 6.60 | 6.20 | 6.40 |
| $T_1$ (1%) | 7.00 | 6.80 | 7.00 | 6.40 | 6.80 |
| $T_2$ (3%) | 7.60 | 7.80 | 7.80 | 7.20 | 7.80 |

A tabela 13 mostra claramente que o tratamento $T_2$ (3% de suplementação com extrato) foi preferido em relação aos outros e obteve a pontuação sensorial mais elevada, enquanto as barras de tâmaras de controlo foram menos apreciadas e obtiveram a pontuação sensorial mais baixa.

## Quadro n.º 09: Determinação do teor de polifenóis totais das barras de tâmaras funcionais

| Sample | Absorbance | mg GAE/g of extract |
|---|---|---|
| $T_0$ (control) | 0.4151 | 1.542 |
| $T_1$ (1%) | 0.4746 | 3.160 |
| $T_2$ (3%) | 0.5932 | 5.075 |

É evidente na tabela no. 9 que o teor de polifenóis da barra de tâmaras funcional com 3% de extrato é superior ao da barra de tâmaras funcional com 1% de extrato.

**Quadro n.º 10: Determinação da atividade antioxidante da barra de tâmaras funcional**

| Sample | Absorbance | Inhibition% |
|---|---|---|
| $T_0$ (control) | 0.8240 | 14.98 |
| $T_1$ (1%) | 0.8073 | 26.70 |
| $T_2$ (3%) | 0.2451 | 41.63 |

É evidente na tabela no. 10 que a atividade anti-oxidante da barra de tâmaras funcional com 3% de extrato é quase 2 vezes superior à da barra de tâmaras funcional com 1% de extrato.

# Título: Danos de uma conhecida praga de quarentena *"Spodoptera frugiperda"* (lagarta-do-cartucho) no milho e suas estratégias de MIP no globo

## Introdução:

O género "Spodoptera" tem 25 espécies, mas *S.littura, S.muritia, S.exempta e S.frugiperda* são espécies economicamente importantes para as culturas agrícolas. *A S.frugiperda* (lagarta-do-cartucho) é uma praga invasora de muitas culturas, mas a mais grave é a do milho. É uma praga de insectos lepidópteros migratórios com mais de 100 espécies de plantas. Pertence à família "Noctuidae" e à ordem "Lepidoptera". É uma praga ocasional, polifágica e de quarentena para vários países. É também conhecida como praga económica do milho. Está amplamente distribuída nas regiões tropicais e subtropicais do globo. É uma praga nocturna porque está ativa durante a noite para se alimentar e acasalar. Estudos anteriores provaram que é conhecido como o principal deflator a nível mundial.

## Identificação e história de vida:

Existem duas manchas brancas nas asas anteriores. A fêmea põe os ovos nos caules, na parte inferior das folhas e também na parte superior das folhas, que estão cobertas por camadas de escamas peludas. As suas pupas são de cor castanha escura. As larvas recém-nascidas são de cor verde e tornam-se castanho claro a preto. Apresenta o símbolo "Y" invertido na cabeça, o que a diferencia das outras espécies. A mariposa adulta vive aproximadamente 21 dias e a média é de 10 dias. A fêmea é maior do que o macho em tamanho e põe 1500 a 2000 ovos durante a sua vida. O seu ciclo de vida completa-se em 21-40 dias. O comportamento canibal ocorre nas fases larvares, em que as larvas maiores se alimentam das mais pequenas em caso de escassez de alimento. Há 8 ou mais gerações por ano. São grandes voadores e migram muito rapidamente de uma área para outra. Acasalam através da libertação de feromonas sexuais e criam conflitos entre os machos. Também se alimentam do néctar das flores durante a noite.

## Danos e seus sintomas:

As larvas neonatas alimentam-se da folha de forma gregária e, quando a folha fica seca, as larvas deslocam-se para outra folha para se alimentarem. Na fase adulta, alimentam-se severamente das folhas e apenas a nervura central e as nervuras ficam no campo sem folhas.

Investigações anteriores provaram que são conhecidos como os principais deflatores. No caso do algodão, na fase de floração e formação da cápsula, alimentam-se do conteúdo interno. Fazem buracos irregulares nas folhas. As folhas da planta do milho são comidas e o verticilo pode ser uma massa de orifícios, bordos esfarrapados e resíduos de larvas. As larvas jovens secam a lâmina foliar. A alimentação severa das larvas pode matar os pontos de crescimento das plantas cultivadas. As larvas podem também atacar a espiga.

## Estratégias IPM:

### Prevenção:

Devemos evitar plantar em zonas já infestadas. Devemos manter o nosso campo e os arredores livres de ervas daninhas e limpos para evitar pragas de insectos e doenças. Não devemos mover plantas de milho infestadas de um campo para outro, porque esta atividade causa infestação. Devemos adotar a cultura intercalar com leguminosas, outras raízes, tubérculos e cucurbitáceas, etc. Devemos também adotar a rotação de culturas para lutar contra os insectos-praga das culturas.

### Controlo:

Devemos monitorizar diariamente o campo para inspeção da traça utilizando armadilhas, mesmo antes da plantação. Devemos procurar larvas verde-claras a castanho-escuras com 3 riscas brancas amareladas finas no dorso e um "Y" invertido branco distinto no escuro. Devemos procurar buracos alongados nas folhas e no interior das espirais das plantas jovens. Deve-se procurar manchas de pequenos (vidros de janela) a grandes orifícios irregulares e alongados nas folhas que emergem do verticilo com uma frassa castanha amarelada.

### Controlo cultural:

Deve evitar-se a plantação tardia ou fora de época para evitar a acumulação de população. Devemos remover os resíduos de culturas e todos os hospedeiros alternativos. A plantação deve ser feita no espaçamento correto e devem ser utilizados os fertilizantes ideais para a cultura. Não devemos mover material de milho infestado de um campo para outro para evitar a infestação. Colocar meia mão cheia de areia/serradura ou terra nas plantas atacadas para matar as larvas. Deve-se aplicar uma pitada de 50gm de pimenta moída + 2Kg de cinzas no funil de plantas à altura do joelho. Utilizar várias armadilhas com feromonas para prever e identificar as zonas de risco (alto, médio e baixo).

### Controlo biológico:

Existem vários parasitóides que podem ser utilizados para controlar esta praga, incluindo: *Trichogramma pretiosum,* parasitóides de ovos de *T. atopovirilia* (100000 por ha) e *Telenomus remus* (2500-3000). Os parasitóides de moscas e vespas que atacam a lagarta-do-cartucho de outono incluem: *Archytas marmoratus, Cotesia marginiventris* e *Chelonus texanus.*

### Predadores:

As lagartas da lagarta-do-cartucho são diretamente predadas por muitos invertebrados e vertebrados, como aves, roedores, escaravelhos, tesourinhas, percevejos, insectos, isodónias e vespas predadoras.

### Controlo genético:

Podemos controlar as pragas de insectos, especialmente os lepidópteros, através das variedades Bt

**Biopesticidas:**

Existem vários insecticidas à base de organismos vivos que podem ser utilizados para matar os insectos prejudiciais às culturas, incluindo: *Nucleopoliedrovírus* (NPV), *Iridovírus, Metarhizium anisopliae, Beuaveria Bassiana* (fungos) e *Bacillus thuringiensis* (Bt) (bactérias) (designação comercial "Javelin").

**Botânicos:**

Podem também ser utilizados óleos essenciais de plantas e produtos insecticidas ou antifeedentes à base de neem para controlar as pragas, incluindo: Azadiractina, Align, Azatin, Ecozin, Neemazal, Neememusion, Neemix e Ornazin.

## Produtos químicos recomendados contra a lagarta do cartucho:

Existem vários produtos químicos que podem ser utilizados para controlar a lagarta do cartucho. Os produtos químicos incluem: Indoxacarb, benzoato de emamectina, flubediamida, lufenurão, metomil, malathon e clorpirifos.

# Capítulo 14

## Malformação da manga: Causas e seu tratamento

Autores: Hafiz Atta Ur Rehman Saeed1 e Umar Niaz2
Instituto de Ciências Hortícolas1 e Departamento de Entomologia2
Universidade de Agricultura de Faisalabad, Paquistão Introdução:
A manga é conhecida como o rei dos frutos e o Paquistão ocupa o 5º lugar a nível mundial na fase de produção. Na fase de produção, a manga é produzida em segundo lugar, a seguir aos citrinos. A manga paquistanesa também ocupa o 4º lugar na cadeia de exportações mundiais. É difícil compreender o hábito de crescimento da árvore, tanto a nível vegetativo como reprodutivo. É atacada por várias doenças em todo o mundo. A malformação é uma doença muito complicada que foi identificada por Watt em 1891, pela primeira vez em Bihar, na Índia. Atualmente, este problema foi identificado em vários países do mundo, incluindo o Paquistão, os EUA, a Índia, o Sudão e o Bangladesh.
De um modo geral, no Paquistão não há nenhuma cultivar que não tenha este problema, mas a intensidade da infestação pode variar consoante a cultivar. Esta infestação é menor em "langra" do que em "chaunsa e Dusehri".
Sintomas:
- A malformação enrolada tem duas formas de atacar a manga
- Vegetativo (cacho)
- Reprodução (malformação floral)

Sintomas vegetativos: As partes terminais dos rebentos apicais apresentam uma pequena distância entre os entrenós e o crescimento apical é interrompido. Os caules principais também podem ser afectados na fase de crescimento em viveiro. Pode observar-se uma massa desagradável e não natural nos rebentos afectados pela malformação, o que ocorre geralmente na fase juvenil da planta.
Sintomas de reprodução: As inflorescências tornam-se suprimidas e o ráquis parece coagulado.
A panícula inteira pode não ser afetada, o que pode ser observado quando uma parte tem flores condensadas e o resto tem flores normais superficiais. Esta doença fúngica pode também interromper algumas funções internas e melhorar algumas funções anómalas.
Causas:
No passado, sabia-se que era devido a vírus que tinham a tremonha como agente transmissor e também que os tratamentos com fungicidas não tinham efeitos no controlo.
A investigação atual não mostrou qualquer diferença entre rebentos saudáveis e afectados. Por outro lado, foram demonstradas concentrações elevadas de hidratos de carbono nos rebentos e na inflorescência, bem como conflitos. As panículas e os ramos afectados contêm compostos semelhantes à malformina, enquanto os restantes não. Os antimalforminas não conseguiram eliminar esta infestação.
Os pomares maltratados ou despercebidos têm sido fortemente afectados por esta infestação. Uma coisa importante é que, uma vez que este problema ocorreu, mesmo que por pouco tempo, este aumenta o seu nível. Esta infestação ocorre nos últimos fluxos de manga, ou seja, em junho e depois.
Estratégias de controlo:
- Poda das inflorescências afectadas de meados de março a meados de maio, mas o melhor é em meados de abril e depois para reduzir a infestação.
- A dose sugerida de NPK, a solução de zinco e boro e a aplicação de tanoeiro após a colheita são

experimentadas.

- Devemos usar vários reguladores de crescimento de plantas (PGR), como GA para langra e chaunsa, NAA na fase pré-floral e pós-colheita.
- As árvores infectadas devem ser tratadas com Topson -M aquando da poda da panícula em abril e da colheita.
- Destruir todas as plantas infectadas.
- Devem ser utilizados porta-enxertos saudáveis e isentos de doenças.
- Remover o mais rapidamente possível a parte infetada da panícula e queimada.
- A aplicação foliar de cobalto na concentração de 1000ppm pode eliminar a malformação.

## Referências:


> { HIPERLIGAÇÃO "http://www.alliedacademies.org/articles/damage-of-a-wellknown-quarantine-pest-spodoptera-frugiperda-fall-armyworm-on-maize-crop-and-its-ipm-strategies-in-globe.pdf" }

> { HIPERLIGAÇÃO "http://www.shanlaxjournals.in/wp-content/uploads/ash_v5n4_074.pdf" }

>

> { HIPERLIGAÇÃO "https://www.technologytimes.pk/unhygienic-effects-of-cockroaches-and-their-remedies-for-human-health/" }

> { HIPERLIGAÇÃO "https://www.technologytimes.pk/effects-and-management-of-biological-magnification-on-human-health/" }

> { HIPERLIGAÇÃO "https://agrihunt.com/recent-researches/title-biotechnology-plays-a-significant-role-to-control-insect-pests-of-agricultural-crops/" }

> { HIPERLIGAÇÃO "https://agrihunt.com/articles/pesticide-industry/merits-and-demerits-of-natural-pest-control-for-farmer-community/" }

> { HIPERLIGAÇÃO "https://agrihunt.com/tag/effects-and-management-of-biological-magnifLcation-on-human-health/" }

{ HYPERLINK "https://agrihunt.com/recent-researches/insects-and-their-products-scientifLcally-used-as-a-medicines-to-cure-human-diseases/" }

> { HIPERLIGAÇÃO "https://agrihunt.com/articles/pesticide-industry/insects-play-a-vital-role-as-a-" } food/

> { HIPERLIGAÇÃO "https://agrihunt.com/articles/pesticide-industry/unhygienic-effects-of-cockroaches-and-their-remedies-on-human-health/" }

> { HIPERLIGAÇÃO "https://agrihunt.com/articles/pesticide-industry/botanical-plants-use-as-mosquito-repellent/" }

> { HIPERLIGAÇÃO "https://agrihunt.com/articles/horti-industry/mango-

malformation-causes-and-its-management/" }

MIX
Papier aus verantwortungsvollen Quellen
Paper from responsible sources
FSC® C105338

Printed by Books on Demand GmbH, Norderstedt / Germany